W0201784

Die Vögel Europas

von John Gould

Die Vögel Europas

von John Gould

Francis Roux

Komet

© KOMET Verlag GmbH, Köln
www.komet-verlag.de
Gesamtherstellung: Komet Verlag GmbH, Köln
Printed in China
ISBN 978-3-89836-856-8

Inhaltsverzeichnis

Vorwort

Das 19. Jahrhundert war unbestreitbar das goldene Zeitalter der Naturgeschichtsforschung. Zwar hatte sie bereits im vorhergehenden Jahrhundert große Fortschritte erzielt, doch erst jetzt beginnt die Epoche der Weltumsegelungen und der Erkundung völlig unbekannter Regionen.

An der Seite von Seefahrern und Entdeckern sieht man von nun an Naturforscher und Maler, deren Aufgabe darin besteht, die vorgefundene Flora und Fauna naturgetreu abzubilden.

Die meisten Pflanzen und Tiere sind neu für die Wissenschaft. Denn die wenigen Kenntnisse, die die Gelehrten haben, verdanken sie unvollständigen Herbarien und gesammelten Einzelstücken, die ihnen korrespondierende Mitglieder wissenschaftlicher Gesellschaften gelegentlich schicken. Sie erahnen zwar den Reichtum und die Vielfalt der exotischen Pflanzen- und Tierwelt, doch ihr wirkliches Ausmaß können sie nicht bestimmen.

Jetzt aber ziehen Expeditionen durch die weite Welt, die eigens ausgerüstet sind, um Kontinente und Inseln mit den dort heimischen Pflanzen und Tieren zu erforschen. In Europas Museen wachsen umfangreiche Sammlungen heran. Botaniker und Zoologen sind mit Begeisterung dabei, sie zu identifizieren und zu beschreiben, zu klassifizieren und zu benennen. Ihre Berichte fixieren oftmals, was Naturforscher vor Ort beobachten. Ohne Übertreibung lässt sich sagen: Es ist die Geburtsstunde der Ökologie und der modernen Verhaltensforschung.

Die Zahl der Spezies, die im Lauf des 19. Jahrhunderts zum ersten Mal beschrieben werden, ist Schwindel erregend. Dennoch sind noch heute viele Arten – insbesondere Meeresbewohner und Insekten – wissenschaftlich nicht erfasst. Doch bei den Vögeln war der Kern der Arbeit getan, auch wenn man bis in die Gegenwart neue Spezies beschrieben hat.

Den Briten fiel bei der Erkundung der Vogelwelt eine Schlüsselrolle zu, da sie einen ausgeprägten Sinn für Naturbeobachtung haben. Hinzu kam ihre Entdeckungslust und ihr Hang zum Abenteuer. Nachdem sie große Teile der Welt unter ihre Herrschaft gebracht hatten, waren sie bereit, die wesentlichen Elemente einer noch unerforschten Natur kennen zu lernen. Vor allem die Vögel weckten ihr Interesse. Es ist kein Zufall, dass der Satz „Everybody is born with a bird in his heart" von einem Engländer stammt. In den britischen Museen entstanden unzählige Vogelsammlungen. Viele Ornithologen, die meisten hoch qualifiziert, untersuchten sie. Zwar waren auch andere Nationen in der Domäne aktiv, doch wer zur Systematik und bald zur Biologie der Vögel Studien betreiben wollte, der ging nach England und dort vor allem nach London, das mit dem British Museum (Natural History) im 19. Jahrhundert zum Mekka der Ornithologie aufstieg und es zum guten Teil bis heute geblieben ist.

Manche der Vogelgelehrten waren auch Tierporträtisten, deren künstlerisches Können in nichts ihren

wissenschaftlichen Fähigkeiten nachstand. So auch John Gould, den man als den bedeutendsten in ihren Reihen betrachten darf. Sein Leben verlief höchst ungewöhnlich.

John Gould wurde am 14. September 1804 in Lyme Regis im Süden Englands geboren und verbrachte seine Kindheit bei Guildford in Surrey. 1818 erhält sein Vater einen Posten in den Königlichen Gärten von Windsor. Mit Hilfe eines Vorgesetzten seines Vaters lernt John das Metier des Gärtners. Gould interessiert sich bereits leidenschaftlich für Vögel, gibt aber die Gärten nicht auf. Er geht nach Ripley Castle in Yorkshire, wo er sich in den schwierigen Techniken der Treibhausaufzucht tropischer Pflanzen unterrichten lässt. Doch seine Fähigkeiten als Ornithologe und Tierpräparator sprechen sich bis nach London herum, wo die Zoological Society gegründet wurde. Sie sucht eine kompetente Kraft, die ihre Vogelsammlung pflegen und vergrößern soll. 1829 heiratet er Elizabeth Coxen, Tochter eines Kapitäns. Diese bemerkenswerte Frau, eine hoch begabte Künstlerin, ist ihm eine große Stütze, so dass wenige Monate nach der Hochzeit seine erste wissenschaftliche Arbeit erscheint.

Gelegenheit und Zufall bestimmen häufig das Schicksal eines Wissenschaftlers. Nicht anders bei John Gould. Eines Tages bietet man ihm eine Sammlung von Vögeln aus dem Himalaja an, die zu dieser Zeit wenig oder überhaupt nicht bekannt sind. Er beschließt, ein mit Drucken illustriertes Buch darüber zu veröffentlichen. Da er sich nicht kompetent genug fühlt, die Vögel selbst zu untersuchen, überlässt er diese Aufgabe dem berühmten Ornithologen N.A. Vigors. Seine Frau übernimmt zu einem großen Teil die Ausführung der Drucke.

Man erkennt bereits Goulds typische Arbeitsweise, die er das ganze Leben beibehalten wird. Er umgibt sich mit kompetenten Kräften, formt ein Team, dessen Motor er ist, ein Orchester, das er wie ein Dirigent leitet.

So entsteht *A century of Birds hitherto unfigured from the Himalaya Mountains*, das von 1831 bis 1832 erscheint und 80 Drucke im Format Folio imperial (56 auf 40 cm) enthält. Sie sind im Steindruckverfahren hergestellt, das Aloys Senefelder Ende des 18. Jahrhunderts entdeckte. Bei dieser Technik benutzt man einen feinkörnigen Kalkstein aus Solnhofen in Bayern. (An diesem Ort wurde auch der berühmte Archäopteryx entdeckt, den man lange für den Urahn der heutigen Vögel hielt.) Die Lithographie hatte gegenüber den anderen damals verfügbaren Druckverfahren unbestreitbare Vorteile. Sie ist exakt in der Wiedergabe, und die Halbtöne und Farbabstufungen, die sie zulässt, geben dem Druck eine besondere Zartheit und Modellierung, die auch der abschließenden Kolorierung zu Gute kommen.

Eine weitere Besonderheit war, dass John Gould das Werk selbst verlegte und in eigener Person dafür Subskribenten anwarb, die den gesamten Herstellungsprozess begleiteten. Bei seinen Monografien wird er auf dieselbe Weise verfahren. Er war ein cleverer Geschäftsmann und jedes seiner Bücher ein finanzieller Erfolg. Dank seinem Realitätssinn und unternehmerischen Geist kann er die Ämter bei der Zoological Society niederlegen und sich als Autor, Illustrator und Verleger etablieren. Die Publikationen über die Tukane, die Trogons, die Kolibris und die Feldhühner Amerikas zählen zu seinen bedeutendsten Werken.

Anders als Jean-Jacques Audubon, der sich als einen „Mann der Wälder" sah, war John Gould im Labor und Atelier zu Hause. Als sich zwei Brüder seiner Frau in Australien aufhalten, nutzt er dennoch die Gelegenheit, den Fünften Kontinent zu besuchen. Aus seinen Reisen dorthin entsteht *Birds of Australia*, das sieben Bände und sechshundert Drucke umfasst. Die Fauna Australiens reizt ihn so sehr, dass er sich zum einzigen Mal in einer Monografie Säugetieren widmet, vor allem den Beuteltieren, den berühmtesten Vertretern der australischen Tierwelt. Nach diesen ersten Erfahrungen folgt die Veröffentlichung ähnlicher Werke über die Vögel Asiens und Neuguineas.

Seine unermüdlichen Aktivitäten und die Erfolge seiner Monografien bereiten Gould viel Freude. Er ist wohl ein glücklicher Mensch, als ihn 1841 ein Schicksalsschlag trifft. Nach zwölf Jahren Ehe stirbt seine Frau Elizabeth, die nur siebenunddreißig Jahre alt wird.

John Goulds Begabungen zogen die Aufmerksamkeit der wissenschaftlichen Welt auf sich. Der Autodidakt verkehrte mit den bedeutendsten Gelehrten seiner Zeit.

R. B. Sharpe sei erwähnt, ein Ornithologe von Weltruf, und der große Charles Darwin. Dieser hielt so große Stücke auf Gould, dass er ihn für den Bericht über die Reise der Beagle das Kapitel Vögel redigieren und illustrieren ließ. Gould widmete sich vor allem den Finken der Galapagosinseln, die man Darwinfinken nennt, von denen viele Arten von ihm beschrieben und wissenschaftlich benannt wurden. Goulds Bekanntheit brachte ihm die Ehrenmitgliedschaft in vielen gelehrten Gesellschaften ein. 1843 nimmt ihn die Royal Society auf, die prestigeträchtigste Institution des Vereinigten Königreichs – welch glänzende Karriere für einen ehemaligen Gärtnergehilfen!

Sprechen wir von Goulds Hauptwerk. Von 1832 bis 1837 hatte er eine Monografie über die Vögel Europas veröffentlicht. Diese Arbeit nimmt er wieder auf und publiziert zwischen 1862 und 1873 *Birds of Great Britain*. Er sichert sich dazu die Mitarbeit von Joseph Wolf. Der deutsche Künstler hatte in sehr jungen Jahren als Illustrator bedeutender vogelkundlicher Werke auf sich aufmerksam gemacht. Er ist nicht nur ein echter Vogelspezialist, sondern auch ein Virtuose der Komposition, der Darstellung des arttypischen Habitus, des Lebensraums der Vögel und des Gefieders mit all seinen Farben.

Der zweite Künstler ist Henry Constantine Richter. Er überträgt seit dem Tod Elizabeths die Entwürfe Goulds auf Stein. Gegen Ende der Arbeiten stößt noch William Hart zu der Mannschaft. Jeder der 367 Drucke wird in 400 Exemplaren aufgelegt, und jeder Abzug von Hand mit Wasserfarben koloriert. Gould prüft sie alle, bevor er sie an die Subskribenten ausliefert. Man stelle sich vor: 147.000 Aquarelle! Ihre Texte sind voll von wissenschaftlichen Informationen über die Biologie der Vögel, ihre Verhaltensweisen, die Größe ihrer Populationen, ihre Züge, über die Abfolge der Gefieder mit den Variationen je nach Geschlecht und Herkunft. Der Beitrag zur Kenntnis der Verhaltensweisen und der Ökologie der britischen Vögel ist beachtlich. Ihren Wert erhält die Monografie aber vor allem durch die Drucke, unter denen viele echte Meisterwerke zu finden sind. Mit *Birds of Great Britain* erreicht die Kunst des Tierporträts einen Höhepunkt.

Es ist müßig, Jean-Jacques Audubon mit Gould vergleichen zu wollen. Ich bewundere Audubon sehr, doch sein Verständnis von Tiermalerei, seine Druck- und Vervielfältigungstechniken waren völlig andere. Offensichtlich wird jedoch, welche Entwicklung die Kunst in den drei Jahrzehnten durchlief, die diese zwei Ornithologen und Tiermaler – beide Meister ihres Genres – voneinander trennen.

Als John Gould am 3. Februar 1881 in London starb, hinterließ er ein gewaltiges Œuvre: zehn große Monografien, die mit etwa 3.000 Drucken illustriert sind! Jeder einzelne ist bewundernswert, viele zeigen die Tiermalerei in ihrer höchsten Vollendung. Trotz der Qualität heutiger Werke glaube ich nicht, dass es jemals möglich sein wird, sie zu übertreffen. John Gould steht für das goldene Zeitalter des Vogelporträts.

Das vorliegende Buch präsentiert eine Auswahl sorgfältig reproduzierter Drucke der *Birds of Great Britain.* Die Texte stammen von Francis Roux, der wie kein anderer mit der Welt der Vögel vertraut ist. Sie enthalten alles, was ein gebildeter Mensch über die dargestellten Spezies wissen sollte. Wir danken ihm dafür, dass er diese Seiten für uns geschrieben hat.

Jean Dorst

Die Vögel Europas

Der Steinadler

Aquila chrysaetos

Keinem Vogel kommt in der abendländischen Kultur ein höherer Symbolwert zu als dem Adler. Er gilt als Gesandter der Himmelsmächte und spielt auch in der Heraldik eine zentrale Rolle. Dabei gibt es in Europa größere Greifvögel. Doch als Jäger ist er unerreicht. Keiner vermag wie er eine 2 bis 4 kg schwere Beute – nahezu sein Körpergewicht – zu überwältigen und in die Lüfte davonzutragen.

In den Alpen sind in der warmen Jahreszeit Murmeltiere sein liebstes Wild, während er sich im Winter an Hasen und Schneehühner hält. Die Szenerie des Druckes ist in Schottland angesiedelt, als Beutetier ist ein Schneehase abgebildet. Im Hintergrund erkennt man den Horst mit zwei Küken im Dunenkleid. Dieses Bild aus dem Jahr 1863 stammt von dem Deutschen Joseph Wolf, einer von John Goulds Mitarbeitern.

Ein Adlerpaar bleibt ein Leben lang zusammen. Es zieht im Jahr nur ein oder zwei Junge groß, die erst nach dem vierten Lebensjahr fortpflanzungsfähig sind. Dieser niedrigen Fruchtbarkeit steht ein hohes Lebensalter gegenüber: So können Adler in Gefangenschaft vierzig Jahre und älter werden.

Durch jahrhundertelange Verfolgung hatte die Spezies einen starken Rückgang zu verzeichnen. Glücklicherweise wurde sie unter Naturschutz gestellt. Die europäische Population schätzt man auf 5.000 bis 7.200 Paare, die hauptsächlich auf Spanien und Skandinavien verteilt sind. Im deutschsprachigen Raum ist die Brutpopulation von mehreren hundert Paaren auf die Alpen konzentriert, umherziehenden Vögeln, vor allem immaturen, kann man auch im Flachland begegnen. Nachdem um die Jahrhundertwende das alpine Vorkommen des Steinadlers einen Tiefstand erreicht hatte, sind heute die meisten der damals verwaisten Reviere dank strenger Schutzbemühungen wieder besetzt.

Der Mäusebussard

Buteo buteo

Der Mäusebussard zeichnet sich durch große Variabilität im Federkleid aus, das eine mehr oder weniger dunkle oder gescheckte Färbung zeigen kann. In Europa gehört er zu den weitverbreitetsten Greifvögeln und ist zusammen mit dem Turmfalken die häufigste Greifvogelart in Mitteleuropa. Das Weibchen, das über einen kräftigeren Körperbau verfügt als das Männchen, erreicht bei einem Gewicht von über einem Kilogramm 1,40 m Flügelspannweite.

Diese tagaktiven Greifvögel sind überall in Mitteleuropa zuhause. Lediglich wald- und baumarme Gebiete wie die Inseln des Wattenmeeres sind kaum besiedelt. Typisch für Mäusebussarde ist das Lauern auf Beute von einer Warte wie etwa einem Zweig oder Telefonmast aus. Von dort aus schwingt sich das Tier hinab zu dem am Boden erspähten Opfer. Im Allgemeinen handelt es sich um kleine Nager, eine Feld- oder Schermaus, die Hauptnahrung der Bussarde. Aber es kann auch vorkommen, dass der Vogel – zum Verdruss der Jäger – einen jungen Hasen schlägt. Doch genau aus diesem Grunde werden immer noch Ausnahmegenehmigungen für Abschüsse von Mäusebussarden ausgestellt werden, obwohl die Art seit den 1970er Jahren unter Schutz steht.

Wenn man einen Bussard schwerfällig von einem Ansitz zum andern wechseln sieht, will man nicht glauben, dass er zu einem prächtigen Gleitflug im Stande ist. Während der Balzflüge schweben Weibchen und Männchen stundenlang in gleicher Höhe und beschreiben, Sichtkontakt haltend, verschlungene Kreise. Dann und wann verkünstelt sich einer der beiden auf dem Höhepunkt des Liebesrausches in akrobatischen Sturzflügen, mit denen Schwung für ein kerzengerades Aufsteigen in den Himmel geholt wird. Das Maunzen, das diese Aktion begleitet, hallt wie Freudenrufe wider.

Die Kornweihe

Circus cyaneus

„Zwischen Männchen und Weibchen der Weihen besteht in Größe und Färbung ein so großer Unterschied, dass man glauben könnte, es handele sich um verschiedene Spezies, wenn man nicht so zahlreiche Beweise für das Gegenteil hätte." Diese Feststellung stammt von Gould. Was die Kornweihe betrifft, so ist das männliche Alttier von fahlem Aschgrau, während Jungvogel und Weibchen ein braunes, auf der Körperunterseite fuchsrot gestreiftes Federkleid tragen, das dem anderer Greifvögel nicht unähnlich ist. Ein weißer Fleck am Steiß ist das einzige beiden Geschlechtern gemeinsame Merkmal. Er ist beim Weibchen, auf dem Druck im Flug abgebildet, gut sichtbar. Mit seinem schlanken Körper und dem langsamen, geschmeidigen Flügelschlag erinnert das Kornweihenmännchen an eine Möwe, wenn es sein Jagdrevier überfliegt. Der Vogel durchstreift es mit Bedacht in halb ruderndem, halb gleitendem Flug, der ihn dicht über den Boden trägt. Hat er eine Beute aufgespürt, schleudert er sich in einer jähen Drehbewegung zu Boden. Die Kornweihe ist ein Jäger von kleinen Nagern. Im Winter bilden Feldmäuse ihre Hauptnahrung, die sie während der warmen Jahreszeit mit am Boden überraschten Vögeln – vor allem Jungtieren, die noch nicht gut fliegen können – sowie Fröschen und Insekten bereichert. Offenes Gelände – Felder, Wiesen, Heide und Moore – sind ihr Lebensraum. Sie nistet auf dem Boden bevorzugt in Heidekraut, Stechginster und Getreidefeldern.

Der Sperber

Accipiter nisus

Der Sperber ist einer der geschicktesten Vogeljäger, doch liebt er das Zwielicht und agiert in der Deckung, so dass man ihn selten in Aktion sieht. Seine Jagdtechnik ist eine Kombination aus Überraschungseffekt und schneller Attacke. Hat der Vogel an einer Hecke ein Opfer aufgescheucht, stürzt er darauf zu, treibt es bis zur Erschöpfung in hektischem Zickzack-Flug vor sich her, packt es mit seinen Fängen – er schlägt die Beute, wie die Falkner sagen – und schließt es in die tödliche Umarmung seiner kräftigen Zehen, deren Daumenkrallen als Dolche fungieren. Anschließend wird die Beute gerupft und der Brustkasten geöffnet. Die Innereien werden herausgeholt und verzehrt. Stört man den Sperber bei dieser Tätigkeit, gibt er die Beute auf, und man kann neben ihr – wie mit einem Skalpell in Stücke geschnitten – die Eingeweide liegen sehen. Im Allgemeinen ernährt er sich von Singvögeln, vor allem von Spatzen. Seitdem die Türkentaube in unseren Landen heimisch ist, zollt auch sie ihm Tribut – zumindest dem Sperberweibchen, das größer ist als das Männchen und sich dieser fetten Beute bemächtigen kann.

In der Landwirtschaft benutzte Biozide und deren negative Nebeneffekte auf Reproduktion und Mortalität ließen Mitte des 20. Jahrhunderts die Sperberpopulation Mitteleuropas deutlich schrumpfen. Mittlerweilen haben sich die Bestände durch das Verbot der gefährlichsten dieser Gifte wieder erholt. Die neuen Gefahren für die 29–40.000 Brutpaare Mitteleuropas drohen allerdings wieder von der Landwirtschaft, deren Umstrukturierung und Flurbereinigung Habitatverluste nach sich ziehen.

Auf der rechten Seite des Drucks sieht man ein Sperbermännchen mit gebänderter Unterseite. Im Hintergrund ist ein Weibchen bei der Jagd auf Spatzen abgebildet.

Die Schafstelze

Motacilla flava

Die Schafstelze ist die Zierde der von Sumpfdotterblumen überwucherten Feuchtwiesen, eine kleine, hübsche Schäferin, die durchs Gras trippelt und das Vieh umflattert. Von den drei europäischen Stelzenarten ist sie die einzige, die den Kontinent im Winter verlässt. Ab September geht sie auf Wanderung, um die kalte Jahreszeit im Süden der Sahara zu verbringen, von wo sie erst im Frühling wieder zurückkehrt. Das Männchen erkennt man an dem blaugrauen Kopf und weißen Überaugenstreif. Auf den Weideflächen, wo es sich in der Brutzeit einquartiert, kann man es oft auf Sauerampferstängeln sitzen sehen. Sein Gesang ist etwas flüchtig und eine Folge einfacher Töne, aus denen sich ein wohlklingendes, melodisches – psüjip – abhebt, das es auch als Ruf vernehmen lässt.

Die Art pflanzt sich in verschiedenen Unterarten, die durch das Kopfmuster der männlichen Tiere differenziert werden, im Großteil der Alten Welt vom Norden Afrikas über ganz Europa bis Nordasien fort. In Deutschland ist die Unterart mit graublauem Kopf als Brutvogel am weitesten verbreitet. An der Küste des Ärmelkanals nistet vereinzelt die Motacilla flava flavissima, die Englische Schafstelze, deren Kopf gelb ist. Im äußersten Südosten des Gebietes findet sich die vorderasiatische Unterart, die eine kohlschwarze Haube trägt. Die nordöstliche Ecke Deutschlands wird hingegen manchmal von der sehr ähnlichen nordeuropäischen Variante heimgesucht.

Die Blume, die den Druck schmückt, ist der Fieberklee, wissenschaftlich Menyanthes genannt.

Die Schleiereule

Tyto alba

„Dieser Nachtvogel versetzt mit seinem schauerlichen, im Flug ausgestoßenen Ruf furchtsame Menschen in Angst und Schrecken. Viele nennen ihn Hexenvogel und glauben, dass er Unglück bringe." Mit solchen Worten beschreibt ein Lexikon von 1775 die Schleiereule. Der Artikel fährt fort: „Augen und Kinn rahmt ein Kreis aus kleinen, weißen Federn ein, um die sich steifere gelbe Federn legen. Dieses Kollier bzw. diese Federkrause nimmt zu beiden Seiten der Nasenlöcher ihren Anfang und ähnelt dem Schleier, den manche Frauen tragen; die Augen liegen dadurch tief in Höhlen, die ringsherum von kleinen, aufgestellten Federn gebildet werden."

Heute weiß man, dass diese eigentümliche Maske, die allen nachtaktiven Greifvögeln gemeinsam, jedoch nur bei der Schleiereule herzförmig ausgebildet ist, eine stereoakustische Funktion hat und Schallwellen in Art und Weise eines Parabolspiegels bündelt. Die hoch entwickelten Ohrmuscheln haben ihre Öffnung dicht bei den Augen, die auf schwachen Lichteinfall hundert Mal empfindlicher reagieren als das menschliche Sehorgan. Dank des perfekten Gehörs vermag die Schleiereule ihre Beute – meist kleine Nagetiere – auch in völliger Dunkelheit zu greifen.

In Mitteleuropa fehlt die Schleiereule nur in Berglagen über 1.000 m. Sie nutzt in der Regel Scheunen, Speicher, Taubenschläge und vor allem Kirchtürme als Unterschlupf. In Mitteleuropa nistet jedes vierte bis zweite Schleiereulenpaar in einer Kirche. Schleiereulen, die – wie auf dem Druck abgebildet – in Bäumen nisten sind nur in England und Wales öfters anzutreffen. Dort sind Schleiereulen, wenn sie durch Siedlungs- und Strukturarmut des Gebietes gezwungen werden, auf natürliche Neststandorte zurückzugreifen, noch eher in Felsen oder Erdabbrüchen zu finden.

Der Waldkauz

Strix aluco

Der Waldkauz ist ein ausgesprochen nachtaktiver Vogel. Wenn ihn nicht gerade Meisen entdecken und aus seinem dunklen Versteck treiben, bekommt man ihn bei Tag nur selten zu Gesicht. Zwanzig Minuten nach Sonnenuntergang lässt er seinen Ruf hören. Dem heulenden Tremolo des Männchens folgt die Antwort des Weibchens, mit dem es in einen Zwiegesang einstimmt, der selbst in den eisigen Januarnächten durch die Stille des Waldes hallt. Dieses Duett ist das Vorspiel zur Paarung, die sehr früh im Jahr stattfindet, so dass die Eier oftmals lange vor Winterende gelegt werden. Nach dreißig Tagen Brutzeit schlüpfen die Küken. Das Weibchen bleibt noch ungefähr zwölf weitere Tage bei ihnen im Nest, dann geht es wie das Männchen für die Brut auf Nahrungssuche. Etwa in der vierten Woche nach dem Schlüpfen erscheinen die Jungen am Eingang des Nestes, das sie wenig später, noch bevor sie flügge werden, verlassen. Trotzdem werden junge Waldkäuze erst mit vier Monaten selbstständig.

Im deutschsprachigen Raum ist der Waldkauz der am weitesten verbreitete und häufigste nachtaktive Greifvogel und wird nur in waldarmen Gebieten oder in den montanen sowie subalpinen Regionen von der Waldohreule bzw. Sperlings- und Raufußkauz übertrumpft. Überall, wo es Baumbewuchs gibt, ist er anzutreffen – vor allem schätzt er große, dicht belaubte, von Efeu bewachsene Bäume. Er ist sogar bis in die Städte vorgedrungen und passt sich diesem Lebensraum sehr gut an. So haben etwa in Wien, Berlin und Oldenburg mehrere Paare Unterschlupf in großen Parks gefunden und ernähren sich dort von Spatzen und Tauben.

Wolfs humorvolle Darstellung erhält durch das Augenzwinkern des im Hintergrund abgebildeten Vogels eine heitere Note.

Die Uferschwalbe

Riparia riparia

Dieser Druck von 1873, den William Hart zeichnete, ist einer der letzten, der für die *Birds of Great Britain* angefertigt wurde. Das Bild nimmt dort eine Sonderstellung ein, weil es als einziges die Art nicht großflächig abbildet, sondern eine Fülle von Vögeln präsentiert. Es zeigt Uferschwalben im Schilf, wo sie sich vor ihrem Herbstzug allabendlich versammeln.

Uferschwalben sind sehr gesellig. Sie nisten in Kolonien an abschüssigen Böschungen von Wasserläufen und Sandgruben. Gegen Ende des Sommers, wenn die Brutzeit abgeschlossen ist, fallen sie abends zu Hunderten ins Schilf ein, wo sie die Nacht verbringen. Bevor sie sich zur Ruhe begeben, kreisen sie in riesigen Schwärmen über ihrem Schlafplatz, den sich andere Arten wie die Mehlschwalbe oftmals mit ihnen teilen. Dieses Treiben wiederholt sich so lange, bis die Vögel nach Afrika aufbrechen. Bei ihrer Rückkehr im April sieht man die ersten Exemplare dicht über der Wasseroberfläche auf Teichen Mücken hinterherjagen. Dieses Verhalten war der Grund für die sich hartnäckig haltende Ansicht, dass die Vögel die kalte Jahreszeit wie Frösche in einer Winterstarre im Schlamm verbringen und deshalb zu dieser Zeit nicht zu sehen sind.

Die Rauchschwalbe

Hirundo rustica

Auch wenn sie von der offiziellen Wissenschaft des Abendlandes zwei Jahrtausende lang geleugnet wurden, haben die alljährlichen Wanderzüge der Schwalben die Aufmerksamkeit des Menschen von jeher auf sich gezogen. So findet sich das erste schriftliche Zeugnis über dieses Phänomen bereits im Alten Testament, wo es heißt:

> *Selbst der Storch am Himmel droben*
> *kennt seine Zeiten,*
> *und Turteltaube und Schwalbe und Kranich*
> *halten die Zeit ihrer Wiederkunft ein.*

In unseren Regionen, wo die Winter kalt sind, treten - ausschließlich von Insekten lebende Vögel wie die Schwalben nur als Sommergäste auf. Die kalte Jahreszeit verbringen die Tiere im tropischen und südlichen Afrika. Rauchschwalben erreichen diese Zonen nach ein bis zwei Monaten Wanderzug, was einer täglichen Flugleistung von etwa 200 km entspricht. Dies ist kein übermäßiges Pensum für eine Vogelart, deren Flugvermögen eine bewundernswerte Leichtigkeit erreicht und die den größten Teil ihrer Lebens Insekten jagend in der Luft verbringt. Schwalben baden und stillen sogar ihren Durst im Flug, indem sie über die Wasseroberfläche hinwegstreifen. Selbst die Jungen werden nach Verlassen des Nestes im Fliegen gefüttert, wobei sich Jungtier und Altvogel – wie auf dem Druck abgebildet – flügelschlagend in der Luft gegenüberstehen. Nur Mauer- und Alpensegler haben sich noch mehr vom Lebensraum Erde emanzipiert. Mit Ausnahme von Aufenthalten im Nest spielt sich ihr ganzes Dasein in der Luft ab.

Der Eisvogel

Alcedo atthis

„Wie das Blau des Türkis sich heiter unter den Mineralien abhebt, so schillert, juwelengleich, der Eisvogel unter den einheimischen Vögeln." Das ist ganz Goulds Stil, mit seiner Vorliebe für rhythmische Sätze und ausgewählten Wortschatz.

Und er hat Recht. Schwirrt an einem Gewässer ein türkisfarbener Pfeil vorüber, kann es sich dabei nur um einen Eisvogel handeln. In rasantem Flug strebt das Tier seinem Landeplatz zu, lässt sich auf einem über das Ufer ragenden Weidenzweig oder Schilfrohrhalm nieder, lauert und wartet auf den geeigneten Augenblick, um im Sturzflug auf die im Wasser erspähte Beute niederzugehen. Gould und Richter haben ihre Vögel auf eine Hängesegge gesetzt. Ein Exemplar sieht man von vorne, das andere zeigt den Rücken, so dass sowohl der himmelblaue Mantel als auch die fuchsrot-orange Körperunterseite zur Geltung kommen.

Eisvögel trifft man nur in der Nähe von Gewässern an – im Allgemeinen sind es Flüsse mit schwacher Strömung, Kanäle, Seen, Teiche oder Sandgruben. Voraussetzung ist allerdings immer klares Wasser. Als Nest dient ihnen ein Tunnel, den sie in die lockere Erde der Uferböschung graben. Der schmale, 50 bis 90 cm lange Gang führt zu einer Nestkammer in Form eincs halbkuppligen Gewölbes, auf deren Boden vier bis zehn Eier abgelegt werden. Die Jungvögel verlassen den Bau nach 25 Tagen und sind bald nach dem Flüggewerden fähig, selbst nach Fischen zu jagen. Die Elterntiere vertreiben sie dann unverzüglich aus ihrem Revier, um die nächste von zwei bis drei Bruten pro Jahr in Angriff zu nehmen. Dank der hohen Fruchtbarkeit ist die Art im Stande den Populationsverlust wieder auszugleichen, selbst nach harten Wintern, in denen die Seen und Flüsse gefrieren und die Sterblichkeitsrate enorm ist.

Der Zaunkönig

Troglodytes troglodytes

„Troglodyt: Höhlenmensch" – so definiert der Fremdwörterduden die wissenschaftliche Bezeichnung des Zaunkönigs. Und diese Bedeutung passt in gewissen Zügen zu der kleinen Vogelart mit gedrungenem Körper und kurzem, aufgestelltem Schwanz, da der Vogel sein Nest, also seine Behausung, jeder Art von Hohlraum anpasst, wie damals unsere Vorfahren.

Dieser kleine Bursche (8 cm) macht immer und überall auf sich aufmerksam. Jede Jahreszeit, jeder Anlass ist ihm recht, in freche, heftige Attacken und schrille Gesänge mit hektischem Rhythmus auszubrechen. Wie eine Maus sieht man ihn mit ruckartigen Bewegungen des kleinen, aufgestellten Schwanzes durch das Dickicht huschen, bis er schließlich mit schwirrenden Flügeln in rasantem Flug verschwindet. Er besitzt ein so überschäumendes Temperament, dass er im Frühling aus Moos, Gräsern und Laub gleich mehrere seiner großen Kugelnester mit dem runden, seitlichen Einschlupfloch baut. Für sie ist ihm jeder Platz recht: Risse im Gestein, Hohlräume in Mauern, Holzstapel und Reisighaufen. Innen wird die Brutstatt vom Weibchen mit Federn ausgekleidet.

Es wählt sich eines der Nester aus, zu dem es die Männchen mit Gesang und Körpersprache locken, und entscheidet sich damit gleichzeitig auch für ihren künftigen Partner. Die Paarung folgt. Der Auserwählte gibt sich nicht immer mit einem einzigen Weibchen zufrieden. Er neigt zur Polygamie und quartiert oftmals mit Erfolg zwei oder sogar drei Gefährtinnen in seinem Revier ein.

Da sich der Zaunkönig in allen Lebensräumen mit größeren oder kleineren Waldflächen wohl fühlt, ist er im Flachland wie im Gebirge zu Hause. Das Bild zeigt zwei Altvögel und ein Jungtier auf Hopfenstauden.

Die Blaumeise

Parus caeruleus

Wer von seinem Fenster aus freifliegende Vögel beobachten will, braucht nur ein Vogelhäuschen aufzustellen und darin Sonnenblumenkerne auszustreuen: Er kann sicher sein, dass er den ganzen Winter über Meisen zu Gast haben wird. Der eifrigste Besucher ist die Blaumeise. Sie hat einen kobaltblauen Scheitel und einen grünen Mantel. Flügel und Schwanz sind ultramarinblau; die Körperunterseite ist zitronengelb. Inmitten weißer Wangen funkeln die Äuglein, die ein schwarzer Streifen zu Schlitzaugen verlängert.

Die kleinen Singvögel benötigen täglich etwa ihr Körpergewicht an Nahrung, die zum größten Teil aus Insekten besteht und in der kalten Jahreszeit durch Körner ergänzt wird. Der hohe Futterbedarf zwingt sie, ständig auf der Suche zu sein. Bei dieser Beschäftigung legen die Tiere eine erstaunliche Behändigkeit an den Tag und nehmen beim Inspizieren von Rinden und Zweigen die akrobatischsten Haltungen ein. Man sieht sie sogar, mit den Beinchen festgekrallt, kopfüber im Geäst hängen. Da sie nicht scheu sind, nutzen sie schon bald die Futterquellen, die der Mensch ihnen anbietet, und können auch handzahm werden. In England, wo man die Milch an die Haustür liefert, haben sie gelernt, Löcher in die Flaschenverschlüsse zu picken, um an den Rahm zu gelangen.

Die Blaumeise ist vom Norden bis in den Süden Europas weit verbreitet und überall häufig anzutreffen, sogar in kleinen Parks inmitten der Großstädte. Wie alle echten Meisen baut sie ihr Nest in Hohlräume wie Baumhöhlen oder verlassene Spechtbehausungen, aber auch in Maueröffnungen und Felsritzen. Das Nest fertigt sie aus Moos und legt darin etwa zehn bis zwölf Eier ab. Die hohe Fruchtbarkeit führt jedoch nicht dazu, dass sich die Art über Gebühr vermehrt, da die Sterblichkeit unter den Jungtieren beträchtlich ist.

Die Schwanzmeise

Aegithalos caudatus

Die Schwanzmeise nistet anders als die übrigen Meisen nicht in Hohlräumen, sondern baut sich unter freiem Himmel ihr Nest. Es ist ein kleines Meisterwerk: eine überdachte Konstruktion, bestehend aus einem Moosgeflecht, in das Rindenteile, Flechten, Spinnweben und Fasern eingearbeitet werden. Seine Struktur ist filzig, nachgiebig, elastisch und wasserundurchlässig. Männchen und Weibchen benötigen drei bis vier Wochen zu seiner Fertigstellung. Innen kleiden es die Vögel mit unzähligen Federn verschiedenster Art aus, die sie in ihrer Umgebung – bis hin zum einen Kilometer entfernten Hühnerhof – nach gründlicher Prüfung einzeln auflesen.

Das Gelege umfasst acht bis zwölf Eier und wird vorwiegend vom Weibchen ausgebrütet, dem sich nachts sein Gefährte anschließt. Nach zwei Wochen erfolgt das Schlüpfen der Küken, die von beiden Elternvögeln mit Nahrung versorgt werden. Mit 15 Tagen sind die Jungtiere flügge, trotzdem wird sich die Familie erst am Ende des nächsten Winters trennen.

Gould und Richter zeigen uns ein Nest, das in einen Wacholderstrauch gebaut wurde. Eigentlich kann man die Nester überall vom Boden bis in die Baumwipfel, in Laubbäumen, Buschgestrüpp oder einem Dickicht junger, mannshoher Nadelbäume finden. Für Gould war es das Nest par excellence, das Nest, „das auf dem Land alle Kinder kennen und dessen Eingang sie oftmals mit ihren Fingern in Unordnung bringen, um ganz am Boden des warmen Federbettes nach den winzigen Eier zu tasten".

Der Pirol

Oriolus oriolus

Wenn im Mai die Bäume ausschlagen, kehrt der Pirol aus Afrika zurück. Vor allem sein flötender, unbekümmerter, heiterer Gesang – düdelio...didelüo... – verkündet uns, dass er wieder in Landen ist. Denn der Vogel ist in den hohen Baumwipfeln zu Hause, wo das Männchen im Blätterlaub sein goldgelbes und schwarzes Federkleid verbirgt, als ob es für unsere kalten Gegenden zu prächtig wäre.

Tatsächlich ist der Pirol der einzige europäische Vertreter einer Familie afrikanischen Ursprungs, und es handelt sich im Grunde um ein Fehlurteil, wenn wir ihn, der acht von zwölf Monaten in den Tropen verbringt, als einen einheimischen Vogel betrachten. Dasselbe gilt übrigens für viele andere Zugvögel, die auf dem schwarzen Kontinent überwintern, so für den Wespenbussard, den Kuckuck, die Blauracke oder den Mauersegler.

Nach ihrer Ankunft jagen die beiden Geschlechter im Kronendach der Bäume einige Tage lang hintereinander her und stoßen dabei herausfordernde Pfiffe aus. Dies ist ihre Art Hochzeit zu feiern. Wenn das Laub dichter wird, wählen die Paare eine elastische Zweiggabel aus, an der sie ihr Nest anbringen. Es bildet eine sorgfältig aus Gräsern und Rindenstreifen geflochtene Hängematte, die eine Polsterung aus Moos, Federn, Wolle und Tierhaaren erhält. Nach kaum eineinhalb Monaten ist die Fortpflanzungsphase abgeschlossen, und bereits Ende Juli starten die ersten wieder in Richtung Afrika.

Der Druck ist ein schönes Beispiel für die hohe Qualität von Richters Arbeiten. Bis in die Details präsentiert er uns mit viel Eleganz und in einem immer gleichen Bemühen um Authentizität das Gefieder der Vögel, das Gewebe des Nestes oder das Laub des Feldahorns.

Die Singdrossel

Turdus philomelos

Wenn man anhand einer Vogelart das Verhältnis von Franzosen und Briten zur Natur, d. h. ihre diesbezüglich unterschiedliche Sensibilität und Tradition, anschaulich machen wollte, wäre die Singdrossel eine geeignete Spezies. Jenseits des Ärmelkanals wird sie wie das Rotkehlchen von allen geschätzt und wegen ihres schwungvollen, jedermann bekannten Gesangs gefeiert. Kein Brite käme auf die Idee, diesen Vögeln nachzustellen. In Frankreich ist sie per Gesetz zum Abschuss freigegeben und wird im Großteil des Landes zusammen mit drei weiteren Drosselarten bejagt. Dort fallen jährlich 13 Millionen Drosseln, das sind doppelt so viele wie Hasen und vier Mal so viele wie Rebhühner, der Jagd zum Opfer. Der Hauptteil dieser Beute wird im Südosten und im Süden des Landes erlegt, die wichtige Überwinterungsgebiete der europäischen Drosselpopulationen sind. Doch haben sich dort mehr als anderswo auch Bräuche erhalten, die auf die Römerzeit zurückgehen. Drosseln waren im alten Rom hoch geschätzte Speisevögel. Nach all dem hat die Singdrossel in unseren Landen ein weniger spektakuläres Leben, wo sie weder von des „Birders" Fürsorge noch den Händen des Vogelfängers sprichwörtlich erdrosselt wird.

Die Singdrossel ist scheu und lebt zurückgezogen in Wäldern und im Dickicht. Sie macht sich nur bemerkbar, wenn sie gut sichtbar auf einer Baumkrone ihr Lied anstimmt, das einen halben Kilometer weit zu hören ist. Ihr Nest errichtet sie, meist in über zwei Meter Höhe, auf einem jungen Nadelbaum, einem Efeu oder einem Brombeerstrauch und kleidet es innen mit geglätteter Erde aus. Es ist immer wieder ein großes Erlebnis, die blaugrünen Eier in ihrem Napf aus Stroh und Lehm zu entdecken. Richter präsentiert sie uns in einer Heckenrose.

Der Wiesenpieper

Anthus pratensis

„Der Wiesenpieper gehört zu den zahlreichen ‚grauen Mäusen' unter den Vögeln, die zwar vielerorts zu finden sind, [...] aber in ihrem Aussehen und ihrer Lebensweise scheinbar so wenige Besonderheiten aufweisen, dass sie oft nur am Rande registriert werden", heißt es in der Neuen Brehm-Bücherei. Dabei ist der Balzflug des Männchens, welcher es etwa 30 m in die Luft hinaufträgt und ohne Flügelschlag wieder hinabgleiten lässt, recht offensichtlich. Der Ruf – ist-ist-ist – begleiten dabei das Treiben, bis das Männchen nahe dem Gras- oder Binsenbüschel niedergeht, den sich das Paar als Nistplatz auserwählt hat.

Der Wiesenpieper bevölkert Torfmoore, Heidelandschaften und Feuchtwiesen. Bäume sind ihm entbehrlich. Benötigt er einen Ansitz, reicht ihm ein Zaunpfahl oder Busch aus. Er unterscheidet sich darin von seinem „Zwillingsbruder", dem Baumpieper, der Bäume als Singwarte bevorzugt. Dennoch leben beide Arten am Boden, wo sie auf der Suche nach Nahrung mit trippelnden Schritten durchs Gras schlüpfen und ihr Nest verbergen.

In der warmen Jahreszeit sind Baum- und Wiesenpieper Insektenfresser. Während der Baumpieper aber zu großen Wanderungen fähig ist und den Winter in den Baumsavannen des tropischen Afrikas verbringt, stellt sich der Wiesenpieper in den kalten Tagen auf vegetarische Nahrung um. Letzterem reichen dann auch schon die Mittelmeerländer und Vorderasien als Überwinterungsgebiete.

Die Amsel

Turdus merula

Wohl kaum ein Vogel in den Städten singt so schön wie die Amsel. An wärmeren Januarabenden kann man das Männchen hören, wie es auf einer Antenne sitzend in ein pfeifendes Selbstgespräch fällt. Mitte März lässt es die Strophen mit den vollen, flötensüßen Tönen dann schon bei Tagesanbruch über die Höfe schallen, noch bevor der Verkehrslärm wieder von der Stadt Besitz ergreift. Diese Vogelart, die eigentlich im Wald beheimatet ist, hat die Städte erst seit relativ kurzer Zeit für sich erobert. Ihr Vordringen in diesen Lebensraum setzte in England um 1830 ein, zeitgleich mit der Verstädterung des Vogels im Süden Deutschlands, und fast 100 Jahre bevor die Amsel auch in die Städte Nordostdeutschlands Einzug hielt. Heute sind Amseln überall um uns herum anzutreffen. In Großbritannien, aber auch in den tieferen Lagen Deutschlands und Österreichs ist auch die Singdrossel in die urbanen Zonen vorgedrungen, ohne allerdings ihre Scheu in dem Maße abzulegen wie die Amsel. Der Amsel, der Singdrossel und dem Zaunkönig hat Shakespeare in seinem Sommernachtstraum vier Verse gewidmet:

The ousel cock so black of hue,
With orange-tawny bill,
The throstle with his note so true,
*The wren with little quill.**

Richters meisterhafte Komposition mit dem Altvogelpaar und dem Nest im Geißblatt ist voller Poesie. Unten klammert sich ein Zaunkönig an einen Spross der Kletterpflanze und erinnert unauffällig an Shakespeares Lied, das Gould an die Spitze seines Kommentars über die Amsel gestellt hat.

* *Der Amselhahn in tiefem Schwarz*
Mit gelbem Schnabelspitz
Die Drossel singt so rein und klar
der Zaunkönig ganz winzig ist.

Das Schwarzkehlchen

Saxicola torquata

Sich auf einem Ansitz zu zeigen gehört zu den ständigen Verhaltensweisen des Schwarzkehlchens. Daneben hat es andere Gewohnheiten: So hält es sich gerne an den Rändern von Wegen, Straßen oder Schienen auf. Im schmucken Hochzeitskostüm – schwarzes Käppchen, fuchsrote Weste und weißer Kragen – posiert das Männchen auf einem Leitungsdraht oder einer Weißdornhecke. Von dort macht es einen Satz in die Luft, stimmt ein bissiges, hektisches Liedchen an und kehrt auf Umwegen zu seinem Weibchen zurück, das in bräunlichem Federkleid zu Füßen eines Busches brütet.

Der fahrige Kerl, der mit dem Braunkehlchen nah und dem Rotkehlchen entfernt verwandt ist, ernährt sich von jeglicher Art Insekten: kleinen Schmetterlingen, Zweiflüglern, Heuschrecken, Spinnen oder Tausendfüßlern. Im Winter stellt er seine Ernährungsgewohnheiten um und nimmt dann auch Körner zu sich. Der Vogel ist in fast allen deutschen Bundesländern vertreten, aber nirgends häufig, und fehlt weitgehend im Nordosten des Landes, wo nur ganz sporadisch gebrütet wird. Die echten Hochlagen meidend – in der Schweiz brütet das Schwarzkehlchen jedoch bis auf 1450 m – ist die Art in Österreich auf die Niederungen Ostösterreichs konzentriert, wo das Schwarzkehlchen Rekorddichten von 6,7 Reviere pro 10 ha erreicht. Unsere Population zieht sich zwischen November und Februar in den Mittelmeerraum und den Nahen Osten zurück. In wärmeren Regionen wie im schweizerischen Südtessin, gelingen auch Überwinterungen im Brutgebiet, die allerdings durch Kälteeinbrüche gefährdet sind. Auf den Britischen Inseln sind fast alle Schwarzkehlchen standorttreu und leben vorzugsweise auf Erika-, Ginster-, und Stechginsterheiden. Der Druck bemüht sich um naturgetreue Wiedergabe und zeigt ein Pärchen auf einem Stechginster.

Der Gartenrotschwanz

Phœnicurus phœnicurus

Wie viele andere Insekten fressende Vögel wechselt der Gartenrotschwanz zwischen der Sahelzone, wo er auf baumbestandenen Savannen den Winter verbringt, und dem europäischen Kontinent hin und her, den er als Brutvogel bis jenseits des Polarkreises bevölkert. Bei seiner Ankunft Mitte März macht das Männchen sogleich durch sein Federkleid auf sich aufmerksam. Nüchterne Eleganz ist sein Markenzeichen: die Brust ist orange, der Mantel schiefergrau, Gesicht und Kehle sind schwarz, die Stirn schmückt ein weißes Band, den fuchsroten Schwanz hält ein beständiges Zittern in Bewegung. Der schönen Rottöne wegen wird dieser kleine Singvogel, der sich gerne in Gärten aufhält, auch Gartenrötel genannt. Sein Nest verbirgt sich dort oftmals im Hohlraum einer alten Mauer. Doch quartiert er sich auch in Obstgärten und mitten im Wald ein, wenn er dort einen passenden hohlen Baumstamm findet, und verschmäht auch Nistkästen nicht. Die Dunkelheit, die das Nest einhüllt, verbirgt uns die Farbe der sechs bis sieben Eier. Sie sind türkisblau.

Gartenrotschwänze benötigen für die Aufzucht ihrer vielköpfigen Familien ein großes Angebot an tierischer Nahrung. Doch hat sich bekanntlich die Ausbreitung der Landwirtschaft auf die Insektenpopulationen verheerend ausgewirkt. So sind die Gartenrotschwänze fast überall auf dem Rückzug. In Mitteleuropa findet sich der dichteste Brutvogelbestand in lichten Laub- und Mischwäldern der collinen und montanen Stufe und in alten Gebäuden, Gärten, und Heckenzäunen auf dem Land.

Auf der linken Seite des Bilds sieht man zwei Männchen und vor dem Nesteingang ein Weibchen. Die drei Vögel sitzen auf einer Schwarzerle, eine Baumart, die trockene Früchte und männliche Kätzchen ausbildet.

Das Rotkehlchen

Erithacus rubecula

Das Rotkehlchen gehört zu den wenigen Vogelarten, die in unseren ländlichen Regionen den ganzen Winter hindurch ihr Lied ertönen lassen. Es ist ein unauffälliger Sänger, der unermüdlich kurze, perlende Phrasen moduliert. Seine nuancenreiche Stimme ist in ihren unvorhersehbaren Sprüngen schwer greifbar. So singt es manchmal nur wenige Schritte von uns entfernt, ohne dass wir darauf achten würden.

Auf den britischen Inseln ist das Rotkehlchen als Jahresvogel in Siedlungen und Gartenanlagen ebenso zu Hause wie in Wäldern und Hecken. Es erfreut sich im Vereinigten Königreich so großer Beliebtheit, dass es zum Landesvogel gewählt wurde. In den deutschsprachigen Ländern, wo das Rotkehlchen vor allem auf Friedhöfen und in Parks innige Beziehungen zu den Menschen geknüpft hat, wurde dieses liebliche Geschöpf zum Vogel des Jahrs 1992 gekürt. Man wollte damit auf einen Vogel aufmerksam machen, der tagein tagaus um uns herum zu finden ist, wenn ihn Grünflächen und Gärten zum Verweilen einladen.

Hinter der friedfertigen Erscheinung verbirgt sich ein ungeselliger Einzelgänger. Das Männchen duldet in seinem Revier, das es mit seinem Gesang verteidigt, kein anderes Individuum seiner Art. Selbst das Weibchen wird dort nur während der Brutzeiten akzeptiert. Seine orangerote Kehle und Brust soll abschrecken und von Annäherungen an das beanspruchte Territorium abhalten.

Richter ordnete über die ganze Höhe des Stiches einen blühenden Efeu an, dessen Grüntöne die komplementären Farben des Rotkehlchens zur Geltung bringt. Die Girlande, die der hungrigen Brut Deckung gibt, formt einen schmalen Rahmen mit Ausblick auf den luftigen, grünen Knospenschleier eines Buchenwäldchens im April.

Die Nachtigall

Luscinia megarhynchos

Die Familie der Turdidae oder Drosseln hat die besten Sänger unter den Vögeln Europas hervorgebracht: Rotkehlchen, Nachtigall, Amsel und Singdrossel. Am berühmtesten ist die Nachtigall. Sie hat alles, was man zur Sangeskunst benötigt: ein rein und klar klingendes Tonregister, eine geschmeidige, vielseitige Stimme, die sie mit unvergleichlicher Virtuosität handhabt, melodischen Erfindungsreichtum, den sie auf etwa zwanzig niemals identische Strophen anwendet, die Einheit des Gesangs, indem sie bestimmte Motive wieder aufnimmt, eine einmalige Art, zwischen den Phrasen Pausen einzulegen und die gleiche Note, langsam und in lang gehaltenem, pathetischem Crescendo zu wiederholen. Ihr Eifer erlahmt nie: Tag und Nacht lässt sie von Mitte April bis Mitte Juni ihr Lied erschallen. Ihr instinktgebundener Gesang ist dabei niemals nur die Behauptung eines Individuums gegenüber anderen, sondern Ausdruck ihres Wesens.

Die Nachtigall lebt am Boden bzw. nahe dem Boden im Schutz des Dickichts, das sie nicht verlässt. Ihre Stimme trägt weit, sie selbst aber bekommt man selten zu Gesicht. Wer sie entdeckt, wundert sich, dass ein Vogel von so bescheidenem Äußeren mit einer so mächtigen Stimme ausgestattet ist. Doch gilt dies bei Vögeln fast als Regel: Je unauffälliger sie gekleidet sind, desto prächtiger ihr Gesang.

Das Nest wird am Boden angelegt und in niedriger Vegetation, abgefallenem Laub, Brombeersträuchern oder Brennnesseln sorgfältig verborgen. Auf dem Druck ist es zur Hälfte durch ein Kreuzlabkraut, eine am Waldrand wachsende Kletterpflanze, getarnt. Das Weibchen brütet, während das Männchen beim Anblick eines Hauhechelbläulings in seinem Gesang innegehält.

Die Heckenbraunelle

Prunella modularis

Der Heckenbraunelle schenkt niemand Beachtung, selbst im Garten übersieht man sie gerne. Sie ist ein kleiner, fahler Vogel mit schwarz gesprenkelter, rotbrauner Oberseite und schiefergrauer Kehle und Brust. In Alleen kann man sie herumhüpfen und gleich wieder im Schutz der Bäume verschwinden sehen. Sie verhält sich so unauffällig, so zurückhaltend, dass man sich fragt, ob sie wirklich bei uns zu Hause ist und sich nicht etwa hierher verirrt hat. Der Gesang ähnelt dem des Zaunkönigs, ist aber schwächer, kürzer und ohne Triller. Ihre Stimme ist so hoch, ihr Vortrag so hastig, dass man das Lied kaum wahrnimmt. Der Vogel ist überall Tischgenosse des Menschen, bleibt seinem Geburtsort sehr treu und fehlt im Gebiet als Brutvogel nur in der südlichen und östlichen Steiermark und dem gesamten Südburgenland. Im Winter dann leistet die Heckenbraunelle nur den Bewohnern der deutschen Nordseeküste, des Mittelrheins und des Bodensee-Gebietes Gesellschaft, und auch die Süd- und Südoststeiermark sieht nun diese Geschöpfe.

Die Heckenbraunelle kommt auch gut mit Lebensräumen in der freien Natur zurecht, vorausgesetzt, sie findet dort Unterholz, Brombeersträucher und Hecken vor. Das bescheidenste Buschwerk reicht ihr aus, um nahe dem Boden ein gut verstecktes Nest zu bauen. Immer wieder ist man überrascht, darin die vier oder fünf blaugrünen bzw. türkisfarbenen Eier zu entdecken. Nicht selten ist da eines, das nicht zu den anderen passt, denn die Heckenbraunelle gehört zu den Vogelarten, die unter dem parasitären Brutverhalten des Kuckucks zu leiden haben.

Auf dem Druck sieht man einen roten, auf Nadelbäumen gedeihenden Pilz. Er wurde dort platziert, um einen Kontrast zu dem unauffälligen Aussehen der Vögel zu schaffen.

Die Mönchsgrasmücke

Sylvia atricapilla

An den ersten warmen Tagen belebt das aus voller Kehle angestimmte, klare, muntere Lied der Mönchsgrasmücke die Kleingärten bis hinein ins Herz der Städte. Aus zwei Teilen bestehend, setzt es mit einem schnellen, abwechslungsreichen, schwatzenden Vorgesang ein, um mit einer kräftig geschmetterten Strophe zu schließen. Im März und April, sowie das Männchen ein Revier in Besitz genommen hat, kann man diesen Gesang vernehmen. Mit dem Vorrücken der Brutsaison, wenn das Weibchen sich dem Männchen anschließt und eines seiner roh gearbeiteten Nester zur Brut auswählt, hört man nur noch die Finalstrophe.

Das fragile Nest der Mönchsgrasmücke bildet einen aus trockenen Stängeln und Würzelchen geformten Korb, der ein oder zwei Meter über dem Boden geschützt in einem Efeu, einem Holunder, einer Traubenkirsche oder Nadelbäumchen untergebracht wird. Kaum haben die Jungen ihr erstes Gefieder angelegt, springen sie bei der geringsten Beunruhigung aus dem Nest und verstecken sich im Dickicht. Um die Aufmerksamkeit eines Störenfrieds abzulenken, führen die Altvögel beeindruckende Pantomimen auf, schleppen sich mit ausgebreiteten Flügeln am Boden dahin oder lassen sich zuckend von einem Ast fallen. Das so inszenierte Ablenkungsmanöver ist im allgemeinen von Erfolg gekrönt.

Die Mönchsgrasmücke stellt unter den Grasmücken die geringsten Ansprüche an ihren Lebensraum. Jede baum- und buschbestandenene Landschaft sagt ihr zu – von den Niederungen bis in 2.000 m Höhe. Sie kommt überall häufig vor, sogar recht gerne in den immergrünen Büschen der Großstadtparks.

Auf einem blühenden Weißdorn singt ein Männchen, während ihm das Weibchen lauscht.

Der Sumpfrohrsänger

Acrocephalus palustris

Rohrsänger gehören zur Familie der Grasmücken, leben allesamt am Wasser und werden als eigenständige kleine Gruppe geführt. Sie tragen ein unauffälliges braunes Gefieder mit leichtem Olivton und sehen einander so ähnlich, dass sich manche Arten nur an der Stimme unterscheiden lassen. Sumpfrohr- und Teichrohrsänger gleichen sich so sehr, dass man lange Zeit unsicher war, ob es sich nicht um ein und dieselbe Spezies handelt. Gould beschäftigte sich noch 1872 mit dieser Frage und schrieb zu dem Thema: „Niemals habe ich meine Feder ergriffen, um über einen ornithologischen Sachverhalt zu schreiben, dessen Problematik mir so bewusst gewesen wäre wie im vorliegenden Fall."

Nachdem sie den Winter in Afrika verbracht haben, lassen sich Sumpf- und Teichrohrsänger wieder in Europa nieder, wo man sie in denselben Regionen antrifft. Die beiden Arten besiedeln jedoch unterschiedliche Lebensräume. Sumpfwiesen, in denen Geißbart sowie andere dickstängelige Sumpfpflanzen, Brennnesseln, Korbweiden und feuchtes Dickicht gut gedeihen, bilden das typische Habitat des Sumpfrohrsängers. Der Teichrohrsänger nistet dagegen, wie schon sein Name ankündigt, im Uferröhricht der Teiche. Dort lässt er bei Tag und bei Nacht seinen Gesang ertönen – nicht mehr als ein mühsames Gebrabbel, in das einige flüssige Noten eingeflochten sind. Der Sumpfrohrsänger gibt ein melodischeres Lied zum Besten, das abwechslungsreicher ist und flötende Stimmlagen beinhaltet. Nachahmungen vieler anderer Vögel sind darin zu einem lebhaften, lustigen Potpourri zusammengemischt.

Den Druck ziert ein Blutweiderich, dessen schöne Ähren an stillen Teichen und langsam fließenden Flüssen aus dem Pflanzengewirr ragen.

Der Zilpzalp

Phylloscopus collybita

Laubsänger sind die Elfen des Blätterwaldes. Ihr Name bringt wie die wissenschaftliche Bezeichnung Phylloscopus, die übersetzt etwa „Baumerkunder" lautet, Wesentliches über die Lebensweise der Tiere zum Ausdruck.

Die nur wenige Gramm schweren Singvögel tragen ein gelbgrünes Gefieder, sind ständig aktiv und suchen in der Baumvegetation nach Mücken, Blattläusen und Insektenlarven. Vier Arten, die alle Zugvögel sind, bevölkern regelmäßig in der warmen Jahreszeit Mitteleuropa. Eine Art – der Zilpzalp – versucht sogar immer wieder, im Westen der Schweiz und im Bodenseegebiet zu überwintern.

Da sie sehr winzig, ständig in Bewegung und einander so ähnlich sind, ist es fast unmöglich, Laubsängerarten visuell zu unterscheiden. Man erkennt sie besser an ihrem Gesang: Einem kundigen Ohr wird der Zilpzalp nicht entgehen, wenn er im März zu singen beginnt. Der Vogel gibt ein sehr rhythmisches, wiederholtes zilp-zelp-zalp-zilp von sich, wobei sich das zilp von den anderen Silben durch seine schrillere Klangfarbe abhebt. Dieser Singsang, der dem Vogel seinen Namen gab, wird vom Männchen fröhlich und unermüdlich angestimmt, wenn es nach den kleinen Fliegen schnappt.

Das Zilpzalp-Weibchen baut wie alle Laubsänger am Boden oder in Bodennähe ein gut verstecktes, kugelförmiges Nest mit seitlichem Eingang. Dort brütet es allein in zwei Wochen sechs Eier aus, von denen eines kaum mehr als ein Gramm wiegt. Zwei Wochen nach dem Schlüpfen verlassen die Jungen das Nest, und nach einer weiteren Woche gehen sie ihre eigenen Wege. Die Art brütet in allen Landesteilen, wo sie allerdings nur spärlich an der Nordseeküste, in den echten Hochlagen der Alpen und den baumarmen Niederungen Ostösterreichs in Erscheinung tritt.

Das Wintergoldhähnchen

Regulus regulus

Wintergoldhähnchen und Zaunkönig werden häufig in einen Topf geworfen. Doch sind die beiden Singvögel in keiner Weise verwandt und haben außer ihrem kleinen Körperwuchs nichts gemeinsam. Mit nur sechs Zentimetern ist das Wintergoldhähnchen sogar noch winziger als der Zaunkönig und der kleinste europäische Vogel überhaupt. „Es hat eine schöne Krone oder Haube auf dem Kopf. Sie ist von goldgelber Farbe, in die sich ein safranähnliches Rotgelb mischt, und brachte ihm in der Antike den pompösen Titel Regulus (kleiner König) ein. Wenn es will, kann es diese Art Haube völlig verbergen, indem es die Stirn in Falten zieht und das seitliche Gefieder darüberklappt." Eine korrekte Beobachtung dieses anonymen Verfassers aus dem 18. Jahrhundert.

Der einzige Farbtupfen am Federkleid dieses Zwerges ist seine Krone, die im allgemeinen am Kopf angelegt und unsichtbar bleibt, jedoch zu einem Federbusch aufgerichtet wird, wenn den Vogel etwas beunruhigt oder verwundert ist. In seinen Verhaltensweisen gleicht er den Laubsängern. Wie sie ist er in den Bäumen zu Hause, wo er von Zweig zu Zweig schwirrt und unter ständigen Positionswechseln Rinde und Moos der Stämme erkundet. Im Winter durchstreifen die Vögel auf ihrer Suche nach Insekten und kleinen Waldschnecken das Unterholz. Das Wintergoldhähnchen bevorzugt dabei die Nadel-, darunter vor allem die Fichtenwälder, denen es bis zur Waldgrenze folgt. Im Flachland trifft man es auch in Laubnadelmischwäldern an, während es in den nadelbaumarmen Gebieten der Nordseeküste und dem Osten Österreichs nahezu völlig fehlt.

Auf dem Bild sieht man Exemplare, die Fichtenzweige mit männlichen Zapfen inspizieren.

Die Bachstelze

Motacilla alba

Stelzen und Pieper sind Bodenvögel und bilden eine Singvogelfamilie, die sich durch lebhafte Geh- und Laufbewegungen auszeichnet. Von den drei Stelzen-Arten, die Mitteleuropa bevölkern, ist die Bachstelze der häufigste Brutvogel. Sie ist überall in den ländlichen Regionen entlang von Wasserläufen, denen sie bis in die Wohngebiete folgt, eine bekannte Erscheinung. Ihr Gefieder wird von nüchternen Grau-, Weiß- und Schwarztönen dominiert. Es stellt sich im Winter aus einen makellos weißen Latz mit nicht weniger weißen Wangen und einem aschgrauen Mantel zusammen. Die Bachstelze ist Teilzieherin und überwintert in geringer Zahl im atlantisch beeinflussten Westen Mitteleuropas, während sich der Rest der Population nach Südwesteuropa, Marokko und Algerien begibt.

Die britische Unterart zeigt ein dunkleres Gefieder als die Bachstelzen des europäischen Kontinents, und der Rücken des Männchens ist ausgeprägt schwarz. Man nennt diese Unterart daher auch „Trauerbachstelze". Den wissenschaftlichen Namen Motacilla (alba) yarrellii gab ihr Gould 1837 zu Ehren seines Freunds William Yarell, der zu der Zeit Sekretär der Zoological Society in London war. Er begann gerade damit, seine History of British Birds (1837–1853) zu veröffentlichen, das für eine Generation englischer Ornithologen zum Nachschlagewerk par excellence werden sollte. Die britischen Bachstelzen überwintern regelmäßig im Westen Frankreichs, tauchen aber gelegentlich auch in mitteleuropäischen Regionen auf.

Auf diesem gelungenen Druck von Gould und Richter hält unter einem blühenden Kleinen Wintergrün ein Bachstelzenpärchen ein Tête-à-tête ab, wobei es dem indiskreten „Blick" eines Tagpfauenauges ausgesetzt ist.

Die Feldlerche

Alauda arvensis

Die Lerche wäre ein unscheinbarer Feldvogel mit erdfarbenem Gefieder, würden ihre Stimme und ihr klangvoller Name nicht das Ohr verzaubern. Ihr Lied ergießt sich wie eine wohlklingende Kaskade vom Himmel. Mitten im Flug gibt es der Vogel zum Besten, als würde er von seinem Jubilieren in die Lüfte getragen. „Letzte Glut des Himmels und erstes Feuer des Tages" nannte der Dichter René Char die Feldlerche, die er sicherlich nicht als letzter in Versen gefeiert hat. Alle zu nennen, die es vor ihm getan haben, würde viel Zeit in Anspruch nehmen. Gould wollte ein Jahrhundert zuvor für England darauf verzichten, in der Meinung, dass „die Gedichte und die Verse zu diesem Thema nahezu unzählbar sind und die meisten mit viel Gefühl und außergewöhnlicher Schönheit im Ausdruck verfasst wurden". Und führt dann doch Chaucer, Spencer, Shakespeare, Burns, usw. an. Wie kommt es, dass ein so winziger und in seiner Erscheinung so unauffälliger Vogel die Menschen so sehr anrührt? Vielleicht liegt die Antwort in diesem Ausspruch eines Indianerhäuptlings verborgen: „Ohne die anderen Geschöpfe wäre der Mensch ganz allein auf der Erde."

Einc Lerche in Naturgröße auf ein Seitenformat Folio imperial (40 x 56 cm) zu bannen, muss eine undankbare Aufgabe für jemand gewesen sein, der zur selben Zeit an der ersten illustrierten Kolibri-Monografie arbeitete. Das Bild – im Stil der Interieurszenen-Malerei gehalten – ist dennoch unbestreitbar gelungen. Überrascht ist man allerdings, dass darauf ein Johanniskraut abgebildet wurde, ein Lippenblütler, der unter Gehölz viel häufiger vorkommt als auf freiem Feld.

Die Haubenlerche

Galerida cristata

Es gibt nicht nur eine Feld-, sondern auch eine Stadtlerche. Sie, die trockenes Gelände mit viel kahlem Boden schätzt und eine Vorliebe für Straßen und Wege entwickelte, wo sie in Pferdeäpfeln reichlich Körnernahrung fand, folgte den Verkehrsverbindungen und gelangte so in die Städte. Heute ist die Haubenlerche ein Stammgast in den Vorstädten, auf Bauland und den Parkplätzen großer Einkaufszentren. Doch bleibt sie auch ihrem ursprünglichen Lebensraum treu, den Gras- oder Trockenebenen, Dünen, steinige Hügel oder Steppen bilden. Allerdings befindet sie sich überall in Mitteleuropa außerhalb von Siedlungsgebieten auf dem Rückzug.

Wie jede richtige Lerche stimmt auch das Haubenlerchenmännchen von Zeit zu Zeit am Himmel sein Lied an, wobei es Kreise zieht. Anders als bei der Feldlerche ist für die Haubenlerche der musikalische Höhenflug jedoch kein Muss. So wiederholt sie ihre kurzen Phrasen, in denen die flüssigen Töne ihres Rufs – dididrië...djui – eingeflochten sind, auch auf dem Erdboden oder von einem niedrigen Ansitz aus.

Haubenlerchenpärchen geben sich wenig Mühe, ihr Nest zu verbergen, und bringen es einfach in einer Bodenmulde unter. Das Weibchen ordnet darin Pflanzenfasern, in Gewerbegebieten auch Papierfetzen an – eine Verhaltensweise, die für Gould und Richter 1866 unvorstellbar war. Überdies fehlt die Art auf den Britischen Inseln, was für die makellose Komposition allerdings ohne Folgen blieb. Sie zeigt eine auf trockenen Böden gedeihende Acker-Vergissmeinnicht und die sehr breiten, auf der Unterseite fahl braunroten Flügel des Vogels, an denen er im Flug am besten zu erkennen ist.

Die Goldammer

Emberiza citrinella

Der Ruf, den der Ortolan als Speisevogel genießt, erstreckt sich nicht auf die übrigen Ammern. Als einziger Zugvogel unter den Ammern, sammelt nur er während des Herbstes in seinem Körper das zarte Fett an, das ihm zum Verhängnis wird. Diese Energiereserve benötigt er, um nach Afrika zu gelangen. Die Goldammer und die vier anderen in Mitteleuropa brütenden Arten hingegen zieht es nicht in die Ferne.

Ammern sind keine großen Sänger. Ihr Lied besteht aus einem monotonen Refrain, den die Männchen auf einem erhöhten Ansitz von sich geben. Den Gesang der Goldammer, der wie tsi-tsi-tsi-tsi-hi-tiih klingt und dessen Tonfolge man sich mit dem Satz „Oh wie hab' ich dich lieb" merken kann, gehört zum typischen Klanginventar der offenen Feldflur. Er ertönt von Februar bis Juli-August in ganz Mitteleuropa.

Der Haussperling

Passer domesticus

„Lassen Sie mich die Frage stellen: Wenn England seine kecken Spatzen nicht mehr hätte, wäre es dann noch England? Was der Hund unter den Vierbeinern, das ist der Sperling unter den Vögeln. Denn er ist den Menschen ein treuer Begleiter." Der Haussperling ist zweifellos der Vogel, der die engste und älteste Beziehung zu unsereins unterhält. Doch anders als echte Haustiere hat er seine Unabhängigkeit nie preisgegeben. Wagemutig und vorsichtig zugleich findet er überall Zugang, wo es ein paar Reste aufzupicken gibt, und dringt notfalls sogar in Häuser ein. Mit der Vertraulichkeit ist jedoch sofort Schluss, wenn man ihn aufstöbert. Jahrtausende geht das schon so, seit dem Auftreten der ersten ackerbauenden Völker, denen er sich wohl wegen seiner Vorliebe für Getreide anschloss. Danach folgte er dem Menschen, wo immer er Neuland eroberte. Die Anziehung, die der Homo sapiens auf Sperlinge ausübt, ist so unumschränkt, dass sie von ihm aufgegebene Dörfer verlassen und sich mit ihm auf den Weg machen, wenn er neue Landstriche erschließt.

Mit Hilfe unserer Verkehrsmittel gelang es dieser Vogelart indoeuropäischer Herkunft, sich in Süd- und Nordamerika niederzulassen. Siedler brachten ihn nach Australien, Neuseeland und Südafrika. Seit kurzem ist er auch in Westafrika zu Hause, wohin Schiffe vom südlichen Ende des Kontinents einige Exemplare brachten. Bald wird man von unserem ganzen Planeten sagen können, dass er ohne Spatzen nicht wäre, was er ist.

Das Sperlingsnest bildet eine unordentliche Kugel aus Strohhalmen und trockenen Gräsern. Der Vogel baut es an allen nur denkbaren Plätzen, am liebsten aber auf Gebäuden. Nur selten bringt er es dagegen, wie auf dem Druck abgebildet, in einer Platane unter.

Der Buchfink

Fringilla cœlebs

Buchfinken, die zu den zehn häufigsten europäischen Brutvögeln zählen, trifft man überall und zu jeder Jahreszeit an. In Mitteleuropa kommen sie in allen Ländern bis hin zur Baumgrenze vor und sind zumindest in den niederen Lagen auch im Winter teilweise präsent. Allerdings weisen Finken je nach Jahreszeit grundlegend verschiedene Verhaltensweisen auf. Im Herbst und Winter sind sie gesellig und bevölkern in gemischten Schwärmen offene Lebensräume. Im Frühling wechseln sie in den Wald über und nehmen dort Reviere in Besitz. Auch die Ernährung ändert sich, und aus dem am Boden lebenden Vegetarier wird ein Insektenfresser, der im Blätterwald auf die Jagd geht.

Nachdem sie ihr Revier bezogen haben, beginnen die Männchen im März und April mit ihrem Gesang. Er ist eine rhythmische, in Stufen abfallende Strophe, die zu jeder Maiwanderung im Buchenwald gehört und bis zu 400-mal in der Stunde während jeder Tageszeit vom ein und demselben Vogel wiederholt werden kann. Buchfinken fühlen sich in allen Typen von Nadel- und Laubwäldern, Gehölzen und Parks wohl, die ihnen Bäume von mindestens 5 m Höhe bieten. Das vom Weibchen solide gebaute, napfförmige Nest wird in einer Astgabelung oder am Stamm untergebracht und sorgfältig mit Flechten getarnt. Das Ausbrüten der vier bis fünf Eier dauert etwa zwölf Tage. Die Aufzucht der Jungen, die mit Insekten gefüttert werden, benötigt fünf weitere Wochen, von denen sie zwei im Nest verbringen. Im Sommer verstummen die Finken und mausern sich. Dann ziehen sie in Schwärmen umher, kehren aber im nächsten Jahr meistens punktgenau zum letztjährigen Neststandort zurück.

Die Abbildung illustriert ein Finkenpaar auf einem wilden Apfelbaum. Das Männchen sitzt auf der linken Seite.

Der Distelfink oder Stieglitz

Carduelis carduelis

Schon der Name dieses kleinen Sperlingsvogels verrät, welch große Schwäche er für dornenbewehrte Pflanzen hat. Auf dem Druck sehen wir ein Pärchen bei einer Weberkarde, deren bevorzugter Standort Brachflächen sind. Diese Pflanze bildet mit ihren paarweise am Stängel angeordneten, am Grund miteinander verwachsenen Blättern kleine Regenwasserreservoirs, zu denen Hänflinge und Distelfinken auch zum Trinken kommen. Mit ihren spitzen Schnäbeln fällt es den Distelfinken leicht, die dornigen Blütenköpfe abzusuchen und aus ihnen die Samen herauszuziehen. Diese Distel bietet ihnen also beides: Speis und Trank.

Gesellig, flink und immer in Bewegung schweifen die Vögel, kleine, geschäftige Trupps bildend, in wellenförmigem, unstetem Flug umher, immer bereit, unter dem Prasseln fröhlicher Rufe – das dem zweiten Namen Pate stehende ...stieg-e-litz... – das Weite zu suchen.

Am Sommerende führen diese Schwärme, die nun von diesjährigen Jungvögeln verstärkt werden, mit ihren schwarzgelben Flügeln über den abgeernteten Feldern einen zuckenden Tanz auf. Der Distelfink ist wegen seines bunten Gefieders und angenehmen Gesangs sehr beliebt. Für ihn bedeutet das oftmals Gefangenschaft. Im 19. Jahrhundert bemächtigten sich Vogelfänger für ihren Handel mit Käfigvögeln so großer Mengen an Tieren, dass die Art in Irland und Großbritannien selten wurde. Gould berichtet, dass dieser Beruf in London 200 Menschen ernährte. 1881 wurde der Vogelfang in England abgeschafft, blieb aber in Irland bis 1930 geduldet und ist in Belgien und den Mittelmeerländern noch heute verbreitet. Es ist auch kein Zufall, wenn in Frankreich das verbreitetste Modell einer Käfigfalle für Kleinvögel nach dem Distelfink benannt ist und wie er „Chardonneret" heißt.

Der Erlenzeisig

Carduelis spinus

Wenn im Winter an einem Gewässer ein Trupp kleiner Vögel schnarrend auf der Krone einer Erle niedergeht, kann man sicher sein, dass es sich um Zeisige handelt. Ihr Federkleid ist grün, mit gelben Flügelbinden und gestrichelten Flanken, ihre spitzen Schnäbel erinnern an Distelfinken. Emsig gehen sie daran, aus den kleinen, trockenen, kegelförmigen Früchten die Samen herauszuholen, wobei sie sich wie Meisen an das äußerste Ende der Zweige hängen. Sie sind von den Bergen oder aus dem Norden Europas herabgekommen und breiten sich ab Oktober quer über Mitteleuropa aus. Auf der Suche nach Erlenwäldern stoßen auf ihren Exkursionen bis nach Spanien und in den Atlas vor. Die ersten warmen Tage lassen die Vögel in die Nadelwälder der Bergzonen zurückkehren, wo die Zeit der Paarung und des Gesangs beginnt. Er besteht aus kurzen, schwungvollen Phrasen, in die sich metallisch vibrierende Töne mischen. Das Männchen trägt ihn mit aufgeplustertem Gefieder und gefächertem Schwanz vor, während es die Tanne umfliegt, in der das Weibchen das Nest baut.

Es ist nicht einfach, Zeisignester in den Nadelwäldern ausfindig zu machen, so dass belegte Fälle erfolgreicher Fortpflanzung nicht zahlreich sind. In Deutschland gibt es sie vom Erzgebirge, Harz, Solling, Sauerland und Eifel südwärts bis zu den bayrischen Alpen, aber vereinzelt sogar in der Gegenrichtung bis hin zu den Ostfriesischen Inseln. In großer Zahl brüten die Vögel – von Skandinavien bis zum Ural – im Norden Europas. Auch im nördlichen Teil der britischen Inseln pflanzen sie sich fort. Gould hat sich bei seinem Druck für eine Herbstszenerie entschieden. Er zeigt uns zwei Männchen mit der typischen schwarzen Kopfplatte und ein Weibchen auf den Zweigen einer Alnus glutinosa, der Schwarzerle.

Der Grünling oder Grünfink

Carduelis chloris

Die Familie der Finken, die sich gern an Samen gütlich tut, zeichnet sich durch kurze, stämmige Schnäbel aus. Die genaue Ausformung variiert allerdings bei den einzelnen Arten in Abhängigkeit vom Verwendungszweck. Denn jede Art hat ihre Vorlieben, und manche ist sogar auf die Nutzung einer bestimmten Nahrungsquelle spezialisiert. Der Distelfink zieht Samen aus dem Blütenstand: Sein Schnabel ist daher spitz. Dick und scharf ist er beim Dompfaff, der damit Samen schält und Knospen abkneift. Der massive Schnabel des Kernbeißers dient dazu, Kerne zu knacken. Ein Zwischen- und Allzweckmodell schließlich besitzt der Grünling. Er kann Samen vom Boden aufpicken, sie abzupfen und zermalmen oder junge Triebe abzwicken.

Das Grünlingmännchen bildet eine stattliche Erscheinung, wenn es Mitte März wieder im Garten erscheint und auf den Linden sein vibrierendes, klingelndes tititi...tetete...toitoitoi erschallen lässt. Ein leuchtend gelbes Band an jedem Flügel und zu beiden Seiten des Schwanzes betont den olivgrünen Grundton seines Kleides, das an der Kehle ein goldgelber Hauch überzieht. Im Winter zogen die Vögel in gemischten Finkenhorden auf den Feldern umher. Auch an Vogelhäuschen konnte man sie entdecken, die sie nicht weniger fleißig besuchten wie die Meisen. Jetzt baut das Grünlingsweibchen in einer Hecke, auf einer Linde oder einem Obstbaum sein Nest.

Der Grünling ist sehr häufig und mit Ausnahme der höheren Lagen in ganz Mitteleuropa verbreitet. Er gehört zu den Arten, die vom vermehrten Anbau ölhaltiger Pflanzen wie Raps und Sonnenblume profitieren und sich reichlich vermehren. Das Bild zeigt ein Grünfinkenpaar mit seiner Brut auf einem Feuerdorn.

Der Kernbeißer

Coccothraustes coccothraustes

Kernbeißer sind korpulenter als die vorhergehenden Finken und fast so groß wie Stare. Mit ihrem tabakbraunen Mantel, der beigerosa gefärbten Brust, der schwarzen Kehle und Stirn, der weißen Zeichnung auf Schwanz und Flügel wären sie prächtige Vögel, würden ihnen nicht die massiven Formen, der wiegende Gang und vor allem der gewaltige Schnabel etwas Groteskes verleihen. Ihr Schnabel ist ausgesprochen breit und dazu geeignet, selbst härteste Früchte zu knacken. Wenn die Kirschen reif sind, finden sich die Vögel in den Obstgärten ein. Doch nicht das Fleisch dieser Früchte lockt sie dorthin – sie verschmähen es –, sondern die Samen im Innern der Kerne. Man hat die Druckkraft berechnet, die der Vogel ausübt, wenn er einen Stein zermalmt, ohne ihn aufzulegen. Sie beträgt 45 kg! Zu einer solchen Leistung befähigt ihn die Größe und Knochenstruktur seines Schädels und die hoch entwickelte Schnabelmuskulatur. Allerdings sind weniger harte Früchte wie Bucheckern, Flugsamen von Ahornbäumen, Hainbuchen und Eschen seine Hauptnahrung.

Der Kernbeißer ist ein sehr zurückhaltender Vogel, der sich gern in Baumwipfeln aufhält, seinen zögernd vorgetragenen Gesang nur selten hören lässt und in seiner Bestandszahl von Jahr zu Jahr stark variiert. Es ist daher schwierig, seine Verbreitung exakt zu bestimmen. Mit Ausnahme von Skandinavien und Ostspanien ist er fast überall in Europa zu Hause und brütet dort, wo er genügend Laubbäume vorfindet. Im Gebiet fehlt er somit nur in den Alpen, den Hochlagen der Mittelgebirge und der unmittelbaren Nordseeküste.

Das Bild zeigt drei Kernbeißer auf Weißdornbüschen. Rechts sieht man ein Männchen, links einen Jungvogel. Das dritte Exemplar ist wieder ein Männchen, diesmal im Winterkleid.

Der Dompfaff oder Gimpel

Pyrrhula pyrrhula

Wer die einfachen Dinge des Lebens zu schätzen weiß, für den gehört der Anblick eines Dompfaffs im Schnee zu den Freuden des Winters. Dies ist ein durchaus beliebtes Januarmotiv diverser Vogelkalender. Vor allem die rosarote Brust verleiht der Szene ihre Ästhetik. Um sie zu erfassen, bleiben dem Betrachter nur Sekunden. Denn trotz seines ruhigen Habitus verweilt der Dompfaff nicht lange an einer Stelle – ein Flügelschlag, und schon ist er in der verschneiten Winterlandschaft verschwunden.

Der Dompfaff lebt auf Bäumen, wo er vorzugsweise auf dem äußeren Ende von Ästen und Zweigen hockt. Ursprünglich war er im buschreichen Unterholz der Bergregionen zu Hause. In Mitteleuropa hat er sich jedoch an neue Lebensräume angepasst und ist ins Flachland vorgedrungen, soweit er dort genug Buschwerk vorfand. So nistet er in den Wäldchen landwirtschaftlich genutzter Gebiete, in den Hecken entlang der Felder, in jungen Nadelwaldschonungen, in Parks und sogar in den Gärten der Vorstädte. Diese Entwicklung vollzog sich ab Beginn des 20. Jahrhunderts. Sie war eine Folge der Zersplitterung der Landschaft und wurde zeitgleich auf den Britischen Inseln beobachtet. Doch ist durch das Entbuschen des Unterholzes und der Maßnahmen der Flurbereinigung ein Teil der für den Dompfaff geeigneten Biotope im Lauf der letzten Jahrzehnte wieder verschwunden. Außerdem setzen den Vögeln die Chemikalien zu, die auf den Obstpflanzungen zum Einsatz kommen.

Der Dompfaff pflegt sein Nest in ein bis zwei Meter Höhe auf einem jungen Nadelbaum oder einem Busch zu bauen. Das Bild zeigt es uns zusammen mit einem Dompfaffpärchen auf den Zweigen einer Lärche.

Der Fichtenkreuzschnabel

Loxia curvirostra

Der Fichtenkreuzschnabel, der etwas größer wird als ein Spatz, ist im Nadelwald beheimatet. Er hat einen auffällig gekrümmten Schnabel mit überkreuzten Spitzen und eine eigenartige Weise, sich zu bewegen, die ihn wie einen Miniaturpapagei wirken lässt. Das adulte Männchen ist ziegelrot, das juvenile Männchen orangebraun. Weibchen zeigen eine olivgrüne Färbung mit Gelb am Bürzel und auf der Unterseite.

Beim Verlassen des Nestes sind die Schnäbel der Jungvögel noch gerade. Nach einigen Wochen beginnen sich Ober- und Unterschnabel zu krümmen, ihre Spitzen verbiegen sich, bis sie sich schließlich überkreuzen. Das so geformte Werkzeug vermag die Schuppen der Nadelbaumzapfen auseinanderzudrücken und ihre fetthaltigen Samen zu gewinnen.

Das Dasein der Vögel wird bestimmt von der Fruktifikation der Fichten in den nordeuropäischen Wäldern, die von Jahr zu Jahr sehr unterschiedlich ausfallen kann. Ist sie mittelmäßig, ziehen die Vögel in Schwärmen auf der Suche nach Nahrung ab. Auf diese Weise gelangen etliche nach Mitteleuropa, von wo sie sich bis Frankreich und sogar Spanien ausbreiten. Neben diesen invasionsartigen Einfällen, die in sehr unregelmäßigen Abständen erfolgen, gibt es die weniger ausgedehnten Jahreszüge der eingesessenen Vögel. Die Art brütet in allen Bergregionen Mitteleuropas, wo ihre Präsenz vom Vorhandensein von Nadelbaumarten abhängt. Sie fressen dort bevorzugt die Samen von Nadelbäumen.

Die Fortpflanzung erfolgt sehr früh im Februar und März und leitet im Bergwald die Brutsaison der Vögel ein. Oft nistet das Weibchen auf einem noch schneebedeckten Zweig. Die Aufzucht der Jungen sichern die Altvögel mit den zu dieser Zeit reifen Nadelbaumsamen.

Der Star

Sturnus vulgaris

Stare sind sowohl Stadt- als auch Feldvögel. Auf dem Land bringen sie ihre Nester in alten Spechthöhlen oder hohlen Bäumen unter. In den Städten, wo man sie oft für Amseln hält, nisten sie in Dachrinnen, Kaminen, Mauerlöchern und sonstigen Hohlräumen. Lieblingsplatz der Männchen sind die Antennen, auf denen sie sich niederlassen, um ihren Gesang anzustimmen. Er besteht aus einem glucksenden, pfeifenden, rasselnden Schwatzen, in das Imitationen von Stadtgeräuschen und allen nur denkbaren Vogelstimmen eingeflochten werden.

Wenn sie auch nicht in Kolonien brüten, sind die Vögel doch äußerst gesellig und immer in Gruppen anzutreffen. Auf Weideflächen bewegen sie sich in Trupps mit kleinen, hurtigen Schritten fort, wobei sie einander ständig überholen und sich immer wieder andere Tiere an die Spitze des Zuges setzen. Fliegen sie auf, formiert sich die Schar sogleich zu einem dichten Verband, der bei den gemeinsamen Flugbewegungen einen erstaunlichen Zusammenhalt zeigt und den Eindruck vermittelt, als fühle sich jeder Vogel einer kollektiven Disziplin unterworfen. Abends fallen diese Schwärme auf ihrem Schlafplatz ein, der ein Schilfröhricht sein kann, aber auch die Bäume einer Allee in der Stadt. Im Herbst können sich in diesen Schlafstuben zehn- oder hunderttausende Vögel versammeln. Die präzisen Manöver, die Starenschwärme am Abendhimmel ausführen, sind ein großes Naturschauspiel und haben den französischen Naturwissenschaftler Comte de Buffon im ausgehenden 18. Jahrhundert zu einer seiner berühmten Beschreibungen angeregt: „Starenschwärme haben eine ganz eigene Art zu fliegen, die von einer gemeinsamen Strategie bestimmt zu sein scheint, wie man sie bei einer disziplinierten Truppe antreffen würde, die der Stimme eines einzigen Befehlshabers gehorcht ..."

Die Saatkrähe

Corvus frugilegus

Dieser Rabenvogel unterscheidet sich als adulter Vogel von der gleich großen Rabenkrähe vor allem durch den unbefiederten Schnabelansatz. Weitere gute Unterscheidungsmerkmale sind der Gang in schlecht sitzenden „Kniehosen", der schmalere Schnabel und die weniger raue Stimme. Noch eindeutiger erkennt man Saatkrähen an ihren geselligen Verhaltensweisen. Sie leben das ganze Jahr über in Gemeinschaften. Wäldchen aus hohen Bäumen bilden ihre Dörfer. Meist sind es Pappeln oder Eschen, in deren oberem Geäst sie jedes Winterende ihre großen Nestkonstruktionen errichten. Eine solche Kolonie kann aus hundert Nestern bestehen und mancher Baum muss, wie der Druck zeigt, in seinen Astgabeln zehn Stück oder mehr davon tragen. Es ist bemerkenswert, wie standorttreu die Vögel sind. So kennt man Saatkrähenkolonien, die seit mehr als einem Jahrhundert bewohnt werden. Im französischen Département Seine-et-Marne ist eine solche Ansiedlung sogar seit 1350 bezeugt.

Die Saatkrähe ist in Deutschland zum Teil häufiger Brutvogel der Tallandschaften und Tiefländer, ist aber in den Mittelgebirgen und gegen die Alpen oft nur inselartig verbreitet, mit Bestandsänderungen, die meist auf menschliches Einwirken zurückzuführen sind. Allerdings gehört von den Rabenschwärmen, die im Winter Felder und Wiesen bedecken, nur ein geringer Anteil zu den mitteleuropäischen Populationen. Sie bestehen vor allem aus Zugvögeln, die aus dem Nordosten Europas kommen. Diese Gäste bewahren sich ihre Geselligkeit und malen beeindruckende Kreise in die Lüfte, wenn sie sich an ihren althergebrachten Schlafplätzen sammeln. Jeden Winter übernachten in Wien auf den großen Schlafplätzen im Prater, Schönbrunn, der unteren Lobau und der Baumgartner Höhe nahezu 100.000 Krähen.

Die Dohle

Corvus monedula

Die kleinen, wendigen Rabenvögel, die mit schriller Stimme die Kirchtürme umschwärmen, sind Dohlen. In alten Städten mit vielen Mauern und Türmen beleben sie mit ihren Flugspielen und Schreien den Himmel. In prächtig anzuschauendem Flug gleiten sie dahin, und ihre hellen Rufe vermischen sich mit denen der Segler, die um die Denkmäler kreisen.

Ursprünglich nisteten sie in unteren Höhenlagen an Felswänden, eine Verhaltensweise, die sie sich in mehreren Regionen Deutschlands, z. B. in der Frankenalb, bewahrt haben. Später hielten sie in Mauerwerk, Befestigungsanlagen, Türmen, verfallenen Gebäuden und aufgegebenen Steinbrüchen Einzug – kurzum an allen Standorten, die eine dominierende Lage und genügend Hohlräume als Unterschlupf für ihre Schwärme boten. Auch Baumhöhlen und Nistkästen bewohnen die Tiere. In Westfalen ist die Dohle in jedem Ort mit einer mehr als fünfstelligen Einwohnerzahl Brutvogel, und jeder Salzburger kennt die Dohlen, die um die Felswände der Stadt kreisen.

Die Paarbindung ist bei Dohlen sehr eng. Männchen und Weibchen verbringen den Winter zusammen und nächtigen im selben Schlupfloch. Um ihre Beziehung zu stärken, glätten sie einander die Kopffedern. Das Paar auf dem Druck scheint sich gerade dieser Beschäftigung widmen zu wollen. Die Burgruine im Hintergrund wirkt wie aus einem Roman von Walter Scott. Doch es wird deutlich, dass die Künstler 1866 die Flugbewegüngen des Vogels selbst noch nicht richtig wiederzugeben wussten.

Die Elster

Pica pica

Der Elster behagt es in der Nachbarschaft des Menschen und seiner Kulturlandschaft so gut, dass sie der bekannteste Rabenvogel unserer ländlichen Regionen sein dürfte. Man kann sie fast nicht verwechseln, da sie sich durch die einzigartige Kombination aus weißschwarzem Gefieder, langem Schwanz und schackernder Stimme auf Anhieb und selbst aus der Ferne zu erkennen gibt. Sie ist ein sehr weit verbreiteter Vogel, der außer auf Island und einigen Mittelmeerinseln in ganz Europa auftritt und sich an alle Lebensbedingungen anzupassen weiß – von Steppen mit vereinzeltem Strauchbewuchs bis hin zu den baumbepflanzten Straßenanlagen der großen Städte. Obwohl es ihr widerstrebt, offene Flächen zu überfliegen, und sie vom Temperament her ein Standvogel ist, hat sie den größten Teil der nördlichen Hemisphäre – von der Atlantikküste bis Japan –, den Maghreb, den Mittleren Orient und den Westen Nordamerikas besiedelt. In Mitteleuropa fehlt sie nur in manchen geschlossenen Waldgebieten der Mittelgebirge und in den Höhenlagen der Alpen.

Ihr Nest ist eine solide Konstruktion aus Zweiglein, die innen mit getrocknetem Schlamm ausgestattet wird und eine Kuppel aus Reisigen erhält, die nur ein oder zwei Zugänge offen lässt. Es wird immer in einem Baumwipfel gebaut und hat eine so widerstandsfähige Struktur, dass es mehrere Jahre hindurch der Witterung standhalten kann. Ein Elsternpaar zieht im Jahr eine Brut groß. Von fünf bis sieben Eiern des Geleges werden im Durchschnitt nur zwei oder drei Jungtiere flügge, da die Nester gerne von Krähen geplündert werden.

Gould und Richter haben den Vogel auf einen Fichtenzweig gesetzt. Im Hintergrund sieht man das Nest mit seiner ovalen Bedachung.

Der Eichelhäher

Garrulus glandarius

Wir wissen mit Sicherheit, dass der Eichelhäher die Zusammensetzung der europäischen Landschaften mit beeinflusst hat. Seine Verhaltensweise, Eicheln über große Strecken zu transportieren und dort im Boden zu vergraben, trug erheblich zur Verbreitung der Eichen bei. Im übrigen ist es nicht ausgeschlossen, dass diese Früchte in einem Prozess, den man Koevolution nennt, ihre Form und ihren Aufbau so veränderten, dass sie den Eichelhäher anlockten. Der Vogel nimmt große Mengen davon zu sich, vor allem im Winter.

Im Wald verrät uns ein heiserer, gedehnter Ruf seine Anwesenheit und gibt im selben Augenblick unsere Gegenwart preis. Sein Schrei dient anderen Hähern, ja der gesamten Fauna, als Warnung. Stimmlich ist er noch talentierter als die übrigen Rabenvögel. Er kann eine Vielzahl von Vogelrufen und Geräuschen nachahmen und imitiert Bussard und Waldkauz täuschend ähnlich.

Eichelhäher verlassen kaum die Wälder und sind ausgesprochene Baumbewohner. Ihr Lebensraum ist jedoch nicht nur auf den Eichenwald beschränkt. Im Norden Europas besiedeln sie weit über die Laubwaldgrenze hinaus auch Nadelwälder. Die Winter überleben sie dort, indem sie auf Anbauflächen Nachlese halten. Seit diesem Jahrhundert hat sich die Art an den Lebensraum Stadt angepasst. So brüten Eichelhäherpaare seit 1900 mitten in London, neuerdings auch in Paris, München oder Berlin, was letztes Jahrhundert noch undenkbar war. Die Art ist in ganz Mitteleuropa häufig und verbreitet.

Der Druck zeigt die Vögel, wie es sich gehört, im Geäst einer Eiche.

Der Kuckuck

Cuculus canorus

Alle kennen den Kuckucksruf, aber nur wenige bekommen den Vogel selbst zu Gesicht, und dies, obwohl der Kuckuck ab April außerhalb der Großstadtzentren jeden nur erdenklichen Platz zwischen der offenen Marsch und der alpinen Waldlandschaft aufsucht. Doch er zeigt sich ungern ohne Deckung. Und ab Mitte Juni verhält er sich noch unauffälliger – selbst sein Rufen ist nun nicht mehr zu hören – und im August geht er auf Wanderschaft und kehrt nach Äquatorialafrika zurück.

Dieser Vogel verbirgt ein Geheimnis, und seine parasitäre Fortpflanzungsweise hat seit Jahrhunderten das rege Interesse der Naturforscher geweckt. Gould kannte ihr Prinzip, jedoch nicht die Details. Er war ursprünglich der Ansicht, die Adoptiveltern würden die eigenen Jungen versehentlich aus dem Nest werfen, wenn sie versuchten, den Platz frei zu machen, den der sperrige Kuckuck besetzt hielt. Eines Tages wurde er jedoch eines Besseren belehrt. Er erhielt von der Ehefrau eines Professors der Universität Glasgow eine am lebenden Objekt gefertigte Zeichnung, die zeigte, wie ein ganz junger, noch nackter und blinder Kuckuck die Brut seines Wirtes aus dem Nest beförderte. Seitdem haben Film und Fotografie das „Verbrechen", das der Kuckuck instinktiv zehn Stunden nach seiner Geburt begeht, immer wieder dokumentiert. Mrs. Blackburns Aquarell, das im British Museum aufbewahrt wird, bleibt bis heute das vielleicht ergreifendste Zeugnis dieses Vorgangs.

Allein im Nest, beschlagnahmt der Usurpator alles für sich, was von seinen Adoptiveltern, die er schon bald überragt, an Nahrung herangeschafft wird. Sein Wachstum vollendet sich außerhalb des zu klein gewordenen Nestes, wobei sich der Pflegevater zum Füttern auf seinen Rücken setzen muss. Die Szene ist auf dem Hintergrund des Bildes dargestellt.

Der Buntspecht

Dendrocopos major

Spechte sind ans Klettern und an die Bearbeitung von Holz angepasst. Kurze Beine mit vier Zehen, die paarweise gegenübergestellt werden können, stark gekrümmte, spitze Krallen, die sich wie Steigeisen in der Rinde festhaken, ein Schwanz, dessen Federn am Schaft versteift sind und beim Aufstieg am Stamm den erforderlichen Rückhalt geben, so sieht die Kletterausrüstung des Vogels aus. Sein Schnabel, der hart ist wie Feuerstein, bohrt sich wie ein Meißel ins Holz. Mit ihm hackt der Specht seine Bruthöhle in den Baum. Darüber hinaus benutzt er ihn als klangvolles Schlaginstrument. Durch Schnabelhiebe, die er in hastigem Rhythmus gegen trockenes Holz ausführt, erzeugt er trommelnde Laute, die einen Partner anlocken sollen.

Mitteleuropa zählt fünf Spechtarten, deren Gefieder schwarz, weiß und rot ist. Der Buntspecht ist am häufigsten und am weitesten verbreitet. Von der Küste bis zu den mittleren Höhenlagen tritt er überall auf, wo es Laub- oder Nadelbäume gibt. Sein greller Ruf – tschik – verrät uns das ganze Jahr über seine Gegenwart, während er sein Getrommel vor allem zwischen Februar und Mai hören lässt. In den ersten Apriltagen ist das Paar eifrig damit beschäftigt, eine 20 bis 30 cm tiefe Bruthöhle in einen Stamm zu bohren. Jede Baumart kann dabei in Angriff genommen werden, allerdings bevorzugen die Vögel totes oder absterbendes Holz. Die Eier brütet zum großen Teil das Männchen aus. Nach dem Schlüpfen erhalten die Jungtiere bis zu 20 Atzungen am Tag und verlassen nach drei Wochen das Nest.

Das Männchen erkennt man an dem grellroten Fleck im Nacken (mit dem Rücken zum Betrachter abgebildet), das Weibchen an seiner schwarzen, das Junge an seiner roten Kopfplatte. Die drei Vögel sitzen auf einer Stieleiche.

Die Turteltaube

Streptopelia turtur

Sie ist der Vogel des Sommers. Spät erst – nicht vor den ersten schönen Maitagen – kehrt sie nach acht Monaten Abwesenheit aus Afrika zurück und macht sich wieder auf den Weg dorthin, noch ehe die warmen Monate vorüber sind. In der Zeit dazwischen breitet ihr sanftes, schnurrendes Gurren, das selbst zur Mittagsstunde nicht verstummt, beharrlich seine dumpfen Vibrationen über Wälder und Hecken aus.

Die Hauptnahrung der Turteltaube bilden Wildsamen, die sie bei einer früheren Rückkehr nicht in diesem Maße vorfinden würde. Auf dem Boden sucht sie nach den Samen des Erdrauchs und anderer Begleiter der Anbauflächen, nach den jungen Sprossen der Saat-Esparsette oder der Sternmiere und verschmäht auch das Getreide nicht. Sie liebt es, auf Elektroleitungen über den Feldern zu sitzen, wo man sie leicht ausfindig machen kann. Anbauflächen und mit Laubwäldern und Hecken durchsetzte Brachen bilden ihren bevorzugten Lebensraum. Große Verbreitungslücken finden sich in Schleswig-Holstein, Baden-Württemberg, Südbayern sowie in den gesamten Alpen.

Während die anderen Tauben im Jahr bis zu drei Mal, die Türkentauben sogar sechs Mal brüten, beschränkt sich die Turteltaube während ihres kurzen Aufenthalts auf maximal zwei Gelege. Ihr Nest ist ein flaches Reisiggebilde, das sie in die unteren Äste eines Baums oder in dichtbelaubte Schlehen- oder Weißdornbüsche baut. Auf dem Bild ist das Nest von einer Weißen Waldrebe umschlungen.

Der Grünspecht

Picus viridis

Ameisen sind eine wichtige Nahrungsquelle für Grünspechte, weshalb dieser Klettervogel oft am Boden anzutreffen ist. Der Druck zeigt uns zwei dieser Vögel auf einem Baumstumpf. Rechts sitzt das Männchen mit dem für ihn typischen schwarz eingerahmten, roten Bartstreif. Das Weibchen scheint damit beschäftigt, einen Regenwurm zu verschlingen. Zumindest könnte man auf den ersten Blick diesen Eindruck gewinnen. Bei genauerem Hinsehen erkennt man jedoch, dass es mit seiner Zunge nach Ameisen schnappt.

Die Spechtzunge, die eine ganz eigentümliche Beschaffenheit hat, bekommt man auf einem Bild selten zu sehen. Das zylindrische, weit ausfahrbare Organ ist wurmförmig. Durch eine komplexe Vorrichtung aus Muskeln und Bändern, die um den Schädel gewunden und in der Höhle des rechten Nasenloches befestigt sind, kann es 10 cm weit herausgeschleudert werden. Das Vorderende ist mit einer hornigen Spitze und an den Seiten mit Borsten ausgestattet, die wie Widerhaken geformt sind. Dank eines zähflüssigen Sekrets, das von der Speicheldrüse abgesondert wird, ist die Zunge klebrig. Mit diesem Werkzeug ist der Vogel bestens ausgerüstet, um Larven aus ihren Holzlöchern zu ziehen oder Ameisen aus Rindenritzen zu holen. Ab März machen sich die Grünspechte daran, in alte Bäume ihre Bruthöhlen zu hacken. Geben sie ein solches Nest wieder auf, ziehen dort andere Vögel ein – ebenfalls Höhlenbrüter, die aber nicht im Stande sind sich selbst einen solchen Unterschlupf zu zimmern. Im Lauf der Jahre kann ein Spechtnest acht bis neun verschiedene Wirbeltierarten beherbergen: Wiedehopf, Wendehals, Kleiber, Meise, Star, Steinkauz, Hohltaube, und zuletzt meistens Fledermäuse.

Den Fuß des Baumstumpfes ziert ein Röhrling.

Die Ringeltaube

Columba palumbus

Drei graublaue Taubenarten sind in Europa beheimatet. Die größte ist die Ringeltaube, die als einzige weiße Abzeichen an den Flügeln trägt. Neuerdings schreitet sie im Herzen der Großstädte in aller Ruhe die Rasen der Parks ab, und ist dadurch vielen Menschen bekannt geworden. Schon lang bekannt ist sie im Südwesten Frankreichs, wo sie von alters her das sehnsüchtig erwartete Wild namens „Palombe" ist und bei den Jägern dort im Oktober ein regelrechtes „Ringeltaubenfieber" auslöst.

Eigentlich ist sie ein Vogel des Laubwaldes, an dessen Rändern sie sich vorzugsweise aufhält. Ihre Häufigkeit und ihre weite Verbreitung sind relativ jungen Datums und hängen mit ihren bescheidenen Bedürfnissen zusammen. Sie braucht zum Leben nur Bäume, auf denen sie brüten und sich ausruhen kann, und offene Flächen, auf denen sie Nahrung findet. Die Landwirtschaft hat zu ihrer reichlichen Vermehrung viel beigetragen, indem sie dem anpassungsfähigen Körnerfresser abwechslungsreiche, zu allen Jahreszeiten verfügbare Nahrungsquellen bot. So profitiert die Ringeltaube in Mitteleuropa ganz beträchtlich vom Getreideanbau, auf dessen Feldern sie im Winter ergiebige Nachlesen halten kann.

Bereits 1868 notierte Gould: „Wenn das Trockenlegen unserer Sümpfe und das Eindeichen unserer Ästuare eine große Zahl der einheimischen Vögel ausgerottet und aus unserem Land verbannt haben, sind durch die Fortschritte in der Landwirtschaft andere begünstigt worden, und dabei keine mehr als die Ringeltaube." Nirgends trifft dies mehr zu als in England, wo sie in solchen Mengen vorkommt, dass sie zum Ernteschädling geworden ist. Der Druck zeigt eine Ringeltaube in ihrem Nest auf einer Föhre.

Das Birkhuhn

Tetrao tetrix

Dieses Raufußhuhn lebt im Norden Europas auf Heiden, in Mooren und Sumpfwäldern, während es in den Alpen an der oberen Waldgrenze zu Hause ist, wo eine Vegetation aus vereinzelten Bäumen, Erlen, Alpenrose und Latschen gedeiht.

In der Morgendämmerung vollführen die Männchen ihre Arena-Balz, wobei sie sich gegenseitig an Glut zu übertreffen suchen. Die langen, schwarzen Schwanzfedern werden zu zwei Ästen entfaltet, die sich leierartig gekrümmt um die weißen, zu einem Federstrauß aufgeplusterten Unterschwanzdecken legen. Der Vogel stampft und gurrt mit lockerer Kehle und zur Rosette aufgestellten Überaugenstreifen, dreht sich auf der Stelle und prustet kleine Atemwölkchen in die eisige Morgenluft. Aus dieser leidenschaftlichen Werbung entsteht keine dauerhafte Paarbindung. Die Weibchen legen die Eier unter eine Alpenrose zwischen zwei Grasbüschel und kümmern sich allein um die Aufzucht der Brut. Mit Ausnahme von Schweden, wo es strenge Schutzmaßnahmen gibt, nimmt die Birkhuhnpopulation in Europa beständig ab. Dieser Trend ist verknüpft mit dem raschen Aussterben isolierter Bestände, die eine Folge der Zerstückelung ihres Lebensraumes ist. Durch die Zerstörung von Erikaheiden und Mooren verschwand die Art aus weiten Teilen Norddeutschlands. Einzig nennenswerter und stabile Bestand in den Mittelgebirgen beherbergt nur noch die Rhön; eine weitere Population soll auf dem Nato-Truppenübungsplatz im bayerischen Grafenwöhr existieren. In den Alpen hat der Rückgang widersprüchliche Ursachen. Verantwortlich sind die dort betriebene Weide- und Feldwirtschaft und die Auswirkungen des Tourismus. Das Gros der Birkhuhnpopulation in den Alpen lebt auf den italienischen, österreichischen und schweizerischen Hängen der Bergkette.

Das Rebhuhn

Perdix perdix

Ein Rebhuhnpaar an seinem Ruheplatz. Das Weibchen hockt unter einem Taubenkropf-Leimkraut, einem Nelkengewächs, und blickt den Betrachter an, während im Hintergrund das Männchen ein Staubbad nimmt. Die Szene gibt uns einen intimen, unverfälschten Einblick in das Privatleben eines Vogels, dessen Fleisch wir besser kennen als seine Verhaltensweisen.

Ursprünglich war die Art in der Steppe beheimatet. Waldrodungen und Feldbau haben seit dem Neolithikum ihr Vordringen nach Europa begünstigt. Wie die Feldlerche passte sie sich einem System extensiver Landwirtschaft an, bei dem sich Getreidefelder mit Futterwiesen, unbebauten Parzellen und Hecken abwechselten. Dann folgte die Einführung neuer Landbaumethoden und die Umgestaltung der Landschaft: Gestrüpp und Brachen wurden beseitigt, Hecken entfernt, Monokulturen angelegt, Ernten maschinell eingebracht, Stoppelfelder frühzeitig umgebrochen, Pestizide eingesetzt. Jedes dieser Phänomene stellt für das Rebhuhn eine Bedrohung dar. Hinzu kommt die Jagd und ihre Folgen. Mit ausgewilderten Vögeln, die nur als Kanonenfutter taugen, aber keine stabilen Populationen herzustellen vermögen, versucht man das Rebhuhn „wieder anzusiedeln". Vorbildlich sind da Aktionen wie in Franken, wo Landwirte, Jägerschaft und Vogelschützer an einem Strang ziehen.

Die Großtrappe

Otis tarda

Trappen sind unter den europäischen Vögeln am stärksten durch die moderne Landwirtschaft vom Aussterben bedroht. Die Vögel bewohnen Grassteppen und lassen den Blick gerne über offene Flächen schweifen. Solange solche Biotope einer extensiven Viehzucht dienten, konnte die Art sich dort halten. Die maschinelle Nutzung dieser Böden als Anbauflächen und die dadurch verursachten Störungen haben jedoch überall zu einem Rückgang der Bestände geführt. Bei der Großtrappe – einem Riesen unter den europäischen Vögeln und mit bis zu 18 kg wiegenden Männchen schwerster flugfähiger Vogel unseres Kontinents – ist dieses Phänomen seit längerem bekannt. Zur Zeit Goulds war er in Großbritannien bereits seit dreißig Jahren ausgestorben. Heute sind die 15–16.000 Vögel der europäischen Population fast nur auf Rückzugsgebiete in Spanien und Portugal beschränkt. Bei uns sind nur noch kleine Teilareale in Brandenburg, Sachsen-Anhalt, Niederösterreich und im Burgenland besetzt.

Der einzigartige Anblick, den das Männchen bei der Balz bietet, ist zu einer seltenen Attraktion geworden. Der Vogel dreht dabei Kopf und Schwanz auf den Rücken, bläht seine Kehle wie einen Ballon, senkt die Flügel, dreht ihre Unterseite nach oben und spreizt an seinen Flanken weiße Federbüschel, die wie Blumensträuße die Unterschwanzdecken krönen. Das Ganze sieht aus wie eine riesige Blume. Der Druck vermittelt einen Eindruck von dieser Verwandlung. Im Vordergrund ein Weibchen mit Küken.

Der Kranich

Grus grus

Der Kranich wird mit 1,20 m größer als der Storch und die anderen Stelzvögel. Er ist damit der größte Vogel Europas. Doch auch in Eleganz der Haltung und der Bewegungen bleibt er fast unerreicht und ist der Stolz der Avifauna im Nordostens Deutschlands, wo dieser imposante Vogel noch in relativ hoher Dichte brütet.

Nachdem sie die Ostseeinsel Rügen verlassen haben, queren die Kraniche im Oktober in großen Schwärmen Westdeutschland. Ihr wellenförmiger, von trompetenden Rufen begleiteter Flug ist eines der großen Naturschauspiele dieser Jahreszeit. Um es miterleben zu können, muss man sich unter dem 200 km breiten Zugkorridor befinden, den sie nur selten verlassen. Ihre nächste Etappe ist Frankreich, dann der Gallocanta-See in Spanien, an den äußersten Grenzen von Kastilien und Aragon. Danach zerstreuen sie sich über die Überwinterungsgebiete im Südwesten der Iberischen Halbinsel.

Ab Februar ziehen die Vögel in umgekehrter Richtung zurück zu den Brutgebieten im Norden Europas. Der Durchzug erfolgt schneller als im Herbst, doch legen sie immer an denselben Orten Pausen ein. In Deutschland sind es die Heiden Niedersachsens, die Seen der Mecklenburgischen Platte und die Marsche der Ostsee. Dort kann man einen Anblick genießen, wie ihn uns Wolf auf seinem Druck präsentiert. Der Künstler konnte einer solchen Szene im Rheinland, nahe seiner Heimatstadt Koblenz, beiwohnen. Die Region am Zusammenfluss von Rhein und Mosel liegt exakt auf der Zugstrecke der Kraniche.

Der Kiebitz

Vanellus vanellus

Der Schopf, der beim Weibchen etwas kürzer ausfällt als beim Männchen, ist das Markenzeichen des Kiebitzes, einem Mitglied aus der Familie der Regenpfeifer. Verpaarte Vögel fallen im Frühling durch ihre akrobatischen Flugkünste auf. Kerzen, Sturzflüge, Zickzacks und sogar Rollen gehören zu ihrem Figureninventar. Bei diesen Vorführungen, die von gemaunzten Rufen begleitet werden, kann man die schwarz-weiße Unterseite der breiten, runden Flügel sehen.

Nicht weniger spektakulär ist der Anblick der fein aufeinander abgestimmten Flugbewegungen der Kiebitze, wenn sie sich Ende Februar, Anfang März wieder bei uns in Schwärmen einfinden. Dabei kann man das rhythmische Geräusch hören, das der Vogel beim Fliegen verursacht. Den Namen Kiebitz verdankt er seinem eigentümlichen Lock- und Warnruf, der wie kie-wit klingt.

Kiebitze kommen auf offenen Flächen vor, die freie Sicht, niedrigen Pflanzenwuchs, feuchten Boden und die Nähe von Wasser bieten. Sie ernähren sich von Insektenlarven, kleinen Weichtieren und Würmern, die sie trippelnd und mit wiegenden Bewegungen aufpicken.

Sie nisten am Boden in Wiesen, auf Feldern und in Sümpfen, wo sie vier Eier ausbrüten. Die Küken, die ein mehrfarbiges Dunenkleid tragen, können bereits zwei Stunden nach dem Schlüpfen laufen.

Der typische Lebensraum des Kiebitzes ist das Dauergrünland. Doch ist er anpassungsfähig und weicht auch bei Verlusten von Wiesen auf Ackerflächen aus. Dennoch ist der Bestand rückläufig. In unserem Gebiet fehlt er in den Mittelgebirgen und den Alpen und findet seine höchsten Dichten im flachen Norddeutschland.

Der Austernfischer

Haematopus ostralegus

An den Küsten setzt jede Ebbe Scharen von Vögeln in Bewegung, die sich auf der vom Meer freigegebenen Fläche mit Nahrung versorgen. Unter ihnen befindet sich der Austernfischer, ein taubengroßer Strandvogel mit langem, rotem Schnabel, schwarz-weißem Federkleid und durchdringender Stimme. Seine Nahrung sind normalerweise nicht Austern, sondern andere zweischalige Weichtiere, vor allem Herz- und Miesmuscheln. Er öffnet sie mit seinem messerscharfen Schnabel, den er auch als Meißel und Sonde einsetzt.

Aufgeregtheit und Geselligkeit liegen in seiner Natur und manifestieren sich zum Teil in eigenartigen Zeremonien. Hierbei stellen sich die Vögel gegenüber oder im Kreis auf. Mit vorgestrecktem Hals und zum Boden gerichteten Schnabel geben sie eine Folge von Pfeiftönen von sich, die in einem Triller enden.

Austernfischer-Paare bleiben einander über Jahre treu. Die Küken werden auch von Verwandten geschützt werden bis zum Flüggewerden im Alter von fünf Wochen gefüttert. Wenn sie im Juli und August selbstständig werden, setzt die Zugzeit ein, die den Austernfischer von Nordeuropa bis nach Portugal und an die afrikanische Küste führt. Viele bleiben auch im Wattenmeer zurück. Die Zahl der in Deutschland überwinternden Austernfischer wird auf etwa 100.000 geschätzt. Brutpaare zählt man über 10.000. Sie halten sich an der Nordseeküste auf, dringen aber an den Flüssen Rhein, Ems, Weser, Aller, Elbe und Oder bis zu 100 km landeinwärts vor.

Die Uferschnepfe

Limosa limosa

Die Schnepfen der Gattung Limosa gehören zu den „großen Watvögeln" – hochbeinigen, 40 bis 50 cm großen Vögeln. Diese Limikolen zeichnet die Länge des geraden oder leicht aufgebogenen Schnabels aus. Bei der Uferschnepfe erreicht er 13 cm. Die zweite europäische Art, die Pfuhlschnepfe, ist etwas kleiner, der Schnabel kürzer und leicht nach oben gebogen, das Gefieder einförmiger und ohne weißen Flügelstreif und schwarze Endbinde. Sie pflanzt sich in den arktischen Regionen Skandinaviens und Sibiriens fort. Im Winter bevorzugt sie die Meeresküsten.

Beide Spezies sind gesellig und gehen in dichten Gruppen auf Nahrungssuche. Die wesentlichen deutschen Brutplätze der Uferschnepfe im Emsland sowie in Ost- und Nordfriesland schließen an die niederländischen an. Daneben brütet sie aber auch entlang der Ostseeküste und in den Talauen von Niederrhein, Weser, Elbe und Oder; kleinere Vorkommen am Main, in Franken und in Ostbayern gelten als stark bedroht. Österreich hat zwei Vorkommen, im Rheindelta am Bodensee und im Burgenland. Ihr Lebensraum sind tiefgründige, feuchte Standorte, die kaum mit Bäumen bestanden sind. Uferschnepfen, die sich in den Niederlanden, Norddeutschland, Dänemark oder noch weiter östlich fortpflanzen, verbringen den Winter in den Überschwemmungsgebieten des Senegals und Guineas.

Der Druck soll den Größenunterschied und das jeweils nach Geschlecht und Jahreszeit variierende Gefieder veranschaulichen. Das Weibchen im Winterkleid ist am größten.

Das Blesshuhn

Fulica atra

Im Winter sieht man sie zu Hunderten wie schwarze Kugeln auf den großen, eisfreien Seen treiben. Dieser Vogel wird, ebenso wie die folgende Art, fälschlicherweise als „Huhn" bezeichnet, obwohl das Blesshuhn eine Ralle ist und in die Verwandtschaft der Kranichvögel gehört.

Den Großteil seines Daseins verbringt es mit Schwimmen und Tauchen auf offenen Wasserflächen. Außerhalb der Brutzeit sind die Vögel gesellig und suchen gemeinsam in brackigen Lagunen oder im Süßwasser nach Schwimm- oder Unterwasserpflanzen, die zu ihrer Nahrung gehören. An den Ufern weiden sie zu Fuß das Wiesengras ab. Man sieht dann ihre Zehen, die mit lappenartigen Schwimmflossen ausgestattet sind. Als Allesfresser gehen sie auch auf tierische Beute aus. Vor allem die Wandermuscheln der Gattung Dreissena fallen ihnen zum Opfer, von denen es in manchen Seen nur so wimmelt und die sie aus zwei bis drei Metern Tiefe nach oben holen.

Mit Beginn der Brutsaison weicht die Geselligkeit dem Revierinstinkt und heftigen Streitigkeiten unter Nachbarn. Die Männchen geraten aneinander, richten sich im Wasser auf – was aussieht, als würden sie auf ihrem Schwanz sitzen –, und schlagen einander heftig mit Flügeln und Beinen, wobei sie alle Krallen ausfahren. Diese Aggressivität kann auch andere Spezies wie Enten oder Teichhühner treffen, doch nur im Umkreis des Brutplatzes, wo auf einer sorgfältig angelegten Plattform dicht über der Wasseroberfläche das Nest gebaut wird. Wolf zeigt es auf seiner Zeichnung. Durch die reizvolle und wirklichkeitsgetreue Wiedergabe bleibt das Bild für das Genre beispielhaft, auch wenn es schon 140 Jahre alt ist.

Der Singschwan

Cygnus cygnus

Der Schwan par excellence, den man überall auf Stadtteichen, Kanälen und Seen zu Gesicht bekommt, ist der stumme Höckerschwan. Dem gleich großen Singschwan fehlt der Höcker auf dem Schnabel, der bei ihm an der Wurzel zitronengelb ist. Er hat einen schlankeren Hals und eine trompetende Stimme. Bis zu 14.000 Exemplare überwintern an den Küsten Dänemarks, Südschwedens, Schleswig-Holsteins und Mecklenburg-Vorpommerns, nur wenige, aber bis zum Alpenrand, auch im Binnenland.

Deutschland liegt an der Grenze des Verbreitungsgebiets der Singschwäne, die sich in Polen (Einzelbruten), Schweden, Finnland, den Staaten des Baltikums und im Norden Russlands fortpflanzen. Ihre Überwinterungsgebiete erstrecken sich von der Ost- bis an die Nordsee. Nirgends beeindrucken die majestätischen Vögel jedoch stärker als am Kaspischen Meer, wo sie nachts zu Tausenden miteinander kommunizieren. Ihre kurzen, modulierten Laute, die sie in unendlich vielen Klangfarben variieren, hallen in der Ferne als ununterbrochenes Glockenspiel wieder.

Schwäne sind Pflanzenfresser. Wasserpflanzen schätzen sie besonders, vor allem Laichkraut, das auch der Schwan auf dem Bild im Schnabel trägt.

Die Nonnen- oder Weißwangengans

Branta leucopsis

Wenn Nonnen früher zu ihrer althergebrachten Tracht ihren Schleier anlegten, präsentierten sie ein schwarz umrahmtes, weißes Antlitz – wie diese Gans, die deshalb nach ihnen benannt wurde.

Der weltweite Bestand der Art liegt um die 100.000 Vögel. Ihre Brutgebiete befinden sich in arktischen Regionen auf Grönland, Spitzbergen, Nowaja Semlja und in Westsibirien.

Ungewöhnlich für einen Vogel dieser Dimension brütet die Nonnengans auf Felsklippen, -bändern und -vorsprüngen. Die Vögel, die in den Regionen von Grönland und Spitzbergen brüten, überwintern ausschließlich auf den Britischen Inseln und Irland. Die größte unter ihnen ist die sibirische Population. Sie bezieht ihre Winterquartiere in den Niederlanden, wo sie die Polder Fries- und Seelands aufsucht. Doch auch das deutsche Wattenmeer kommt als Überwinterungsgebiet in Frage. Von dort aus können manche Gruppen auch nach Frankreich gelangen oder sogar bis in den Süden Deutschlands vordringen, wo Nonnengänse am Bodensee und in Bayern gesichtet werden. Tag für Tag verschlingt eine Gans im Winterquartier etwa 140–160 g Trockensubstanz an Gräsern, Kräutern, aber auch Algen oder Wintersaat.

Bei den Gänsen bestehen Trupps aus Familien, da sie den ganzen Winter über zusammenbleiben. In der Regel umfassen die fünf- bis siebenköpfigen Gruppen die beiden Alttiere und die Jungen des letzten Geleges. Im Frühling, wenn die Vögel zu den Brutgebieten zurückkehren, lösen sich die Familien auf, doch bleibt die Paarbindung erhalten. Von der Treue der beiden Partner hängt der Erfolg der nächsten Fortpflanzungsperiode ab.

Die Stockente

Anas platyrhynchos

Im Februar suchen sich die Stockenten in den Sümpfen ein Liebesnest. Aus dem verwelkten Schilf sieht man den Erpel im Prachtkleid hinter dem braungefärbten Weibchen aufsteigen. Die Paare haben sich im Herbst gebildet und in der kalten Jahreszeit nicht getrennt. Sie bleiben bis zur Eiablage zusammen. Dann nimmt das Männchen bis zum nächsten Herbst sein Junggesellendasein wieder auf, während das Weibchen alleine brütet und die acht bis zehn Entenküken aufzieht.

Wie bei allen Mitgliedern dieser Familie macht der von Juni bis Juli dauernde Wechsel der Flügelfedern die adulten Vögel für fünf oder sechs Wochen flugunfähig. Nur durch Schwimmen oder Tauchen können sie sich dann einer Gefahr entziehen. Um sich ungestört zu mausern, verstecken sich die Stockenten in der dichtesten Sumpfvegetation.

Im Nachbarland Frankreich feiert man am 14. Juli die Erstürmung der Bastille, aber auch die Beseitigung der herrschaftlichen Privilegien, durch die jeder Franzose das Recht zur Jagd erhielt. Zum Gedenken daran wird an diesem Tag die Jagd auf das Wasserwild eröffnet. Viele junge Wasservögel sind zu dieser Zeit noch flugunfähig oder fliegen schlecht. Die erwachsenen Stockenten, vor allem die Weibchen, bei denen die Mauser später einsetzt als bei den männlichen Tieren, können ihre Flügel noch nicht wieder benutzen, was zu einem regelrechten Entenmassaker führt. Damit das Bild dieses Tages nicht getrübt wird, wildert man dort alljährlich eine Million Vögel aus.

Eine Winterszene: Stockenten schwimmen im Wasser gegenüber einem vereisten Ufer.

Der Haubentaucher

Podiceps cristatus

Bei Haubentauchern trägt ein Elternteil die Jungen auf dem Rücken und bietet ihnen so Sicherheit. Was sie an Nahrung benötigen, schafft das andere Alttier heran, das von seinen Tauchgängen Insektenlarven, Kaulquappen und Jungfische mitbringt. Um seinen Hunger zu stillen, taucht auch der Kükenträger von Zeit zu Zeit unter, während die Kleinen über ihm auf dem Wasser treiben. In ihrem Streifenkostüm, das bis zum Schnabel reicht, verschwimmen sie mit dem Gekräusel der Wellen und den Schattenlinien der Schilfstauden zu einer Einheit. Wenn sie eine Woche alt sind, zieht jedes Alttier mit der Hälfte der Brut seiner Wege.

Lappentaucher wie der Haubentaucher haben sich so sehr an das Leben im Wasser angepasst, dass sie sich an Land nicht mehr fortbewegen können. Schuld daran ist die Position ihrer Beine, die, wie auf dem Druck gut zu sehen, ans hintere Ende des Körpers versetzt sind. Zur Zeit Goulds jagte man den Vogel wegen seines dichten, sehr warmen, glänzend weißen Bauchgefieders, das man bei der Herstellung von Muffen, Hüten und anderen Artikeln der Frauenmode als Futter verwandte. Auch Fischer waren hinter den Lappentauchern her. Doch die Mode hat sich geändert, und man schießt nicht mehr auf die Tiere. So ist der Haubentaucher heute viel verbreiteter als am Ende des 19. Jahrhunderts. In Deutschland brüten ca. 32.000 Paare, einige tausend in England, wo man um 1850 nur an die vierzig zählte.

Die Lithographie ist von Henry Constantine Richter. Rechts im Hintergrund sieht man das verlassene, schwimmende Nest mit den Eierschalen.

Der Purpurreiher

Ardea purpurea

Der Purpurreiher ist kleiner und schlanker als der Graureiher, sein Hals dünner und seine Lebensweise zurückgezogener. Er liebt das eingeengte Sichtfeld ausgedehnter Binsen- und Schilfröhrichte, in denen er sein Nest mit den türkisfarbenen Eiern verbirgt. Gould meinte, dass „dieser Vogel in seiner Körperform, seinem Gefieder und seinem Verhalten ein wenig ein Mittelding aus Graureiher und Rohrdommel darstellt". Eine gute Beobachtung. Doch anders als die Rohrdommel pflegt der Purpurreiher in Kolonien zu brüten und zeigt auch im afrikanischen Winterquartier gemeinschaftliche Verhaltensweisen. So sammeln sich die Vögel vor Sonnenuntergang in Schilfröhrichten, wo sie gemeinsam die Nacht verbringen. Es ist ein erstaunlicher Anblick, die schmächtigen Vögel zu Dutzenden inmitten einer Sumpflandschaft voller Krokodile zu sehen.

Im April kehren die Purpurreiher aus Afrika zu ihren Brutkolonien zurück. Die meisten befinden sich im Schilfgürtel des Neusiedlersees, wo man je nach Jahr um die 100 Paare zählen kann. Der Rest der mitteleuropäischen, kaum 1.500 Paare zählenden Population ist auf viele Teichgebiete verteilt, vor allem in Süddeutschland und den Niederlanden.

Das Querformat und die Haltung des Vogels, der auf seinem Nest sitzt, haben es Richter ermöglicht, ihn zu einem Drittel seiner wirklichen Größe (80 cm) abzubilden. So konnte er das Gefieder und die Schuppen an den Beinen bis ins letzte Detail wiedergeben.

Der Seeregenpfeifer

Charadrius alexandrinus

Fluss-, See- und Sandregenpfeifer sind perfekt an ihren Lebensraum angepasste, rundliche Vögel mit erdbraunem Gefieder, weißschwarzer Kopf- und Halszeichnung und kurzem Schnabel. Sie haben eine typische Art zu laufen, die an ein rollendes, mechanisches Spielzeug erinnert. Von den drei Arten ist der Seeregenpfeifer am hellsten. Er trägt an der linken und rechten Seite der Brust zwei dunkle Streifen, während die beiden anderen ein schwarzes Brustband ziert. Zu erkennen ist der Vogel an der schwarzen Färbung von Schnabel und Beinen und seinem in Serie vorgetragenen Ruf: tiü tiü.

Der Seeregenpfeifer fühlt sich am Meer wohler als seine zwei Verwandten und kommt ausschließlich auf den salzigen Böden von Sandstränden, ausgetrockneten Schlickflächen, Salzsteppen und Salzlacken vor. Dort brütet er auch. Nachdem das Männchen – sich unter den Blicken seiner Partnerin auf der Stelle drehend – eine Mulde gegraben hat, legt das Weibchen drei Eier in den Sand. Oft weht der Wind diese Vertiefung wieder zu, doch hat das Paar nie Mühe, das Gelege wiederzufinden. Die Küken können sofort nach der Geburt laufen und verstecken sich bei der geringsten Störung.

Der Seeregenpfeifer pflanzt sich in Europa mit Ausnahme der Britischen Inseln an allen felsenlosen Küsten – vom Süden Schwedens bis Griechenland – fort. Bei uns ist er an der Nordseeküste und den vorgelagerten Inseln zuhause, besiedelt aber auch die Salzlacken des Seewinkels im Burgenland. Die allsommerliche Touristeninvasion an den Stränden behindert ihre Fortpflanzung. Andererseits entstehen dadurch Ersatzlebensräume in Form von Erddämmen oder Parkplätzen. Doch trotz aller Anpassung gehen die Bestände zurück.

Im Bild rechts wacht das Männchen über seine Familie.

Die Dreizehenmöwe

Rissa tridactyla

Sie ist unter den See- und Lachmöwen eine Gattung für sich. Ihre Besonderheit besteht darin, ein Hochseevogel zu sein, der außerhalb der Brutzeit nur selten am Ufer erscheint und fern der Küsten auf dem Ozean umherstreift. Wenn sich die Dreizehenmöwe einige Monate im Jahr auf festen Boden begibt, dann immer dem Meer gegenüber an einer hohen Steilküste, wo die kleinen, geselligen Vögel sich in dichten Kolonien niederlassen. Der kleinste Felsvorsprung genügt ihnen, um ihr solides Nest zu bauen. Es besteht aus Erde, Moos und getrockneten Algen, die als Mörtel dienen. Die Jungtiere wachsen zwischen Fels und Abgrund auf. Erst wenn ihr Gefieder voll entwickelt ist, können sie das Nest verlassen. Ein Elternteil hütet sie, während der andere auf dem weiten Meer Fische jagt.

In der Kolonie herrscht ständig Tumult. Die abgehackten Rufe der Möwen vermischen sich mit dem Tosen der Brandung, große Seemöwen marodieren, immer auf der Lauer nach einem ungeschützten Ei oder einem schlecht bewachten Küken. Oftmals brüten Tordalke und Trottellummen in der Nachbarschaft auf den Felsvorsprüngen. Diesen seltenen Anblick kann man in Deutschland nur an Helgolands roten Sandsteinklippen genießen. Der Beobachter gewinnt dort einen ersten Eindruck vom emsigen Treiben, das so typisch ist für die Seevogelkolonien an den Küsten Norwegens, Schottlands oder der Färöer-Inseln. Im Vordergrund befindet sich ein Jungtier. Nackenband, Flügelzeichnung und Schwanz sind schwarz. Die Daumenzehe fehlt ihnen, daher kommt die Bezeichnung Dreizehenmöwe.

Der Rotschenkel

Tringa totanus

Der Rotschenkel ist eine etwa turteltaubengroße Schnepfe mit eleganter Silhouette. Seine Gestalt ist stromlinienförmig, der Schnabel lang und gerade. Die Beine sind lang und dünn, die Flügel spitz, seine Bewegungen die eines Zugvogels, der große Strecken zu meistern weiß. Man fasst ihn mit weiteren Arten zur Gruppe der Wasserläufer zusammen. Acht europäische Arten zählt sie, sieben davon sind in Deutschland zu finden, doch nur vier pflanzen sich dort fort: der Flussuferläufer, der Bruchwasserläufer, der Waldwasserläufer und der Rotschenkel.

Am leichtesten unterscheidet man die Wasserläufer an ihrer Stimme. Der weit reichende Ruf des Grünschenkels kjück-jück-jü ist so unverwechselbar, dass der Vogel schon aus der Ferne und auch in der Nacht identifiziert werden kann. Der Waldwasserläufer stimmt beim Auffliegen ein helles, nicht weniger charakteristisches, gepfiffenes tlui-it-it-it an. Das melodische djü-düdü des Rotschenkels prägt die akustische Landschaft an Küsten, in Buchten und Flussmündungen, die er wie viele andere Watvögel aufsucht. Um die tausend Rotschenkel, zum Großteil isländischer Herkunft, verbringen den Winter an der Küste des deutschen Wattenmeers. Sie stellen nur einen winzigen Bruchteil der europäischen Bestände dar, deren Überwinterungsgebiete sich von der Nordsee bis zum tropischen Afrika erstrecken.

Im März und April quartieren sich die Brutpaare in den Küstengebieten ein, wo sie gerne mit Kiebitzen Kolonien bilden, da diese aufmerksame Wächter gegen Krähen sind. Oftmals liegen die Nester der beiden Spezies nur Schritte voneinander entfernt im feuchten Weidegras. Einige Brutpaare finden man auch im Binnenland Ostdeutschlands, Niedersachsens, des Rheinlandes, Bayerns und Ostösterreichs.

Der Eissturmvogel

Fulmarus glacialis

Auf den ersten Blick erinnert der Vogel an eine Seemöwe. Der Hakenschnabel mit den röhrenförmigen Nasenflügeln weist ihn jedoch als Sturmvogel aus, eine Familie, deren Vertreter auf dem offenen Meer leben und sich den Küsten nur zur Fortpflanzung nähern. Auch die Flugbewegungen sind ganz anders. Der Eissturmvogel gleitet auf steifen Flügeln unermüdlich dahin, wobei seine schaukelnden Bewegungen dem Auf und Ab der Wellen folgen.

„Kein Vogel ist den Bewohnern der Insel Saint Kilda so nützlich", berichtet John Gould, „er versorgt sie mit Öl für die Lampen, Federn für die Betten, Mahlzeiten für den Mittagstisch, Balsam bei Verletzungen und einem Heilmittel gegen Unwohlsein." Saint Kilda, die mitten in der See gelegene, den Hebriden vorgelagerte Insel, beherbergte in Großbritannien bis 1880 die einzige Kolonie der im hohen Norden beheimateten Spezies. Jahrhundertelang bildete sie die Lebensgrundlage der Bewohner dieses öden Eilands. In späteren Jahren breitete sich die Art stark aus. Sie profitierte von der Entstehung der Schleppnetzfischerei, deren Abfälle die Vögel verwerten, und vermutlich auch von der Erwärmung der Ozeane. Fast alle guten Standorte der britischen Küsten sind von ihnen kolonisiert. Auch in der Bretagne, der Normandie und auf Helgoland siedeln sie seit kurzem.

Der Eissturmvogel tritt in verschiedenen Farbmorphen auf. Der Druck zeigt zwei Altvögel, einen vom hellen, einen vom dunklen Typ. Die Szene auf dem 1870 entstandenen Bild ist in goldenen Dunst getaucht, der die Stimmung von Sommerabenden am Meer evoziert.

Register